U0395703

格致方法·定量研究系列　吴晓刚　主编

最大似然估计法：
逻辑与实践

[美] 斯科特·R.伊莱亚森（Scott R. Eliason）　著

臧晓露　译

SAGE Publications, Inc.

格致出版社　上海人民出版社

出版说明

由香港科技大学社会科学部吴晓刚教授主编的"格致方法·定量研究系列"丛书，精选了世界著名的SAGE出版社定量社会科学研究丛书，翻译成中文，起初集结成八册，于2011年出版。这套丛书自出版以来，受到广大读者特别是年轻一代社会科学工作者的热烈欢迎。为了给广大读者提供更多的方便和选择，该丛书经过修订和校正，于2012年以单行本的形式再次出版发行，共37本。我们衷心感谢广大读者的支持和建议。

随着与SAGE出版社合作的进一步深化，我们又从丛书中精选了三十多个品种，译成中文，以飨读者。丛书新增品种涵盖了更多的定量研究方法。我们希望本丛书单行本的继续出版能为推动国内社会科学定量研究的教学和研究作出一点贡献。

总　序

　　2003 年，我赴港工作，在香港科技大学社会科学部教授研究生的两门核心定量方法课程。香港科技大学社会科学部自创建以来，非常重视社会科学研究方法论的训练。我开设的第一门课"社会科学里的统计学"（Statistics for Social Science）为所有研究型硕士生和博士生的必修课，而第二门课"社会科学中的定量分析"为博士生的必修课（事实上，大部分硕士生在修完第一门课后都会继续选修第二门课）。我在讲授这两门课的时候，根据社会科学研究生的数理基础比较薄弱的特点，尽量避免复杂的数学公式推导，而用具体的例子，结合语言和图形，帮助学生理解统计的基本概念和模型。课程的重点放在如何应用定量分析模型研究社会实际问题上，即社会研究者主要为定量统计方法的"消费者"而非"生产者"。作为"消费者"，学完这些课程后，我们一方面能够读懂、欣赏和评价别人在同行评议的刊物上发表的定量研究的文章；另一方面，也能在自己的研究中运用这些成熟的方法论技术。

　　上述两门课的内容，尽管在线性回归模型的内容上有少量重复，但各有侧重。"社会科学里的统计学"从介绍最基本的社会研究方法论和统计学原理开始，到多元线性回归模型结束，内容涵盖了描述性统计的基本方法、统计推论的原理、假设检验、列联表分析、方差和协方差分析、简单线性回归模型、多元线性回归模型，以及线性回归模型的假设和模型诊断。"社会科学中的定量分析"则介绍在经典线性回归模型的假设不成立的情况下的一些模型和方法，将重点放在因变量为定类数据的分析模型上，包括两分类的 logistic 回归模型、多分类 logistic 回归模型、定序 logistic 回归模型、条件 logistic 回归模型、多维列联表的对数线性和对数乘积模型、有关删节数据的模型、纵贯数据的分析模型，包括追踪研究和事件史的分析方法。这些模型在社会科学研究中有着更加广泛的应用。

修读过这些课程的香港科技大学的研究生，一直鼓励和支持我将两门课的讲稿结集出版，并帮助我将原来的英文课程讲稿译成了中文。但是，由于种种原因，这两本书拖了多年还没有完成。世界著名的出版社 SAGE 的"定量社会科学研究"丛书闻名遐迩，每本书都写得通俗易懂，与我的教学理念是相通的。当格致出版社向我提出从这套丛书中精选一批翻译，以飨中文读者时，我非常支持这个想法，因为这从某种程度上弥补了我的教科书未能出版的遗憾。

翻译是一件吃力不讨好的事。不但要有对中英文两种语言的精准把握能力，还要有对实质内容有较深的理解能力，而这套丛书涵盖的又恰恰是社会科学中技术性非常强的内容，只有语言能力是远远不能胜任的。在短短的一年时间里，我们组织了来自中国内地及香港、台湾地区的二十几位研究生参与了这项工程,他们当时大部分是香港科技大学的硕士和博士研究生,受过严格的社会科学统计方法的训练,也有来自美国等地对定量研究感兴趣的博士研究生。他们是香港科技大学社会科学部博士研究生蒋勤、李骏、盛智明、叶华、张卓妮、郑冰岛,硕士研究生贺光烨、李兰、林毓玲、肖东亮、辛济云、於嘉、余珊珊,应用社会经济研究中心研究员李俊秀;香港大学教育学院博士研究生洪岩璧;北京大学社会学系博士研究生李丁、赵亮员;中国人民大学人口学系讲师巫锡炜;中国台湾"中央"研究院社会学所助理研究员林宗弘;南京师范大学心理学系副教授陈陈;美国北卡罗来纳大学教堂山分校社会学系博士候选人姜念涛;美国加州大学洛杉矶分校社会学系博士研究生宋曦;哈佛大学社会学系博士研究生郭茂灿和周韵。

参与这项工作的许多译者目前都已经毕业,大多成为中国内地以及香港、台湾等地区高校和研究机构定量社会科学方法教学和研究的骨干。不少译者反映,翻译工作本身也是他们学习相关定量方法的有效途径。鉴于此,当格致出版社和 SAGE 出版社决定在"格致方法·定量研究系列"丛书中推出另外一批新品种时,香港科技大学社会科学部的研究生仍然是主要力量。特别值得一提的是,香港科技大学应用社会经济研究中心与上海大学社会学院自 2012 年夏季开始,在上海(夏季)和广州南沙(冬季)联合举办《应用社会科学研究方法研修班》,至今已经成功举办三届。研修课程设计体现"化整为零、循序渐进、中文教学、学以致用"的方针,吸引了一大批有志于从事定量社会科学研究的博士生和青年学者。他们中的不少人也参与了翻译和校对的工作。他们在繁忙的学习和研究之余，历经近两年的时间，完成了三十多本新书的翻译任务，使得"格致方法·定量研究系列"丛书更加丰富和完善。他们是：东南大学社会学系副教授洪岩璧，香港科技大学社会科学部博士研究生贺光烨、李忠路、王佳、王彦蓉、许多多，硕士研究生范新光、缪佳、武玲蔚、臧晓露、曾东林，原硕士研究生李兰，密歇根大学社会学系博士研究生王骁，纽约大学社会学系博士研究生温芳琪，牛津大学社会学系研究生周穆之，上海大学社会学院博士研究生陈伟等。

　　陈伟、范新光、贺光烨、洪岩璧、李忠路、缪佳、王佳、武玲蔚、许多多、曾东林、周穆之，以及香港科技大学社会科学部硕士研究生陈佳莹，上海大学社会学院硕士研究生梁海祥还协助主编做了大量的审校工作。格致出版社编辑高璇不遗余力地推动本丛书的继续出版，并且在这个过程中表现出极大的耐心和高度的专业精神。对他们付出的劳动，我在此致以诚挚的谢意。当然，每本书因本身内容和译者的行文风格有所差异，校对未免挂一漏万，术语的标准译法方面还有很大的改进空间。我们欢迎广大读者提出建设性的批评和建议，以便再版时修订。

　　我们希望本丛书的持续出版，能为进一步提升国内社会科学定量教学和研究水平作出一点贡献。

吴晓刚

于香港九龙清水湾

目 录

序

由于费舍(R.A.Fisher)先生的贡献,最大似然估计法至少从 20 世纪 50 年代开始在统计学领域被人们所熟知。然而,在社会科学研究中,这种方法作为参数估计的一种途径,直到最近才得以普及。最大似然估计法系统地寻找潜在的不同总体值,基于样本观测值,最终选定被认为最可能接近真实值(有最大似然)的参数估计值。而另一种主要的估计步骤当然是最小二乘回归。因此很有必要对比一下这两种方法。假定一个简单的模型:

$$Y = a + bX = e$$

假定这个模型满足高斯—马尔科夫假设,且误差呈正态分布。在这个例子中,若使用最小二乘法,可以针对总体值 a 和 b 产生最佳线性无偏估计量(BLUE),其估计值与通过最大似然法得到的估计值等价。

然而,就估计值的性质而言,最小二乘法有时就不如最大似然法那样有效了。例如,在处理二分因变量时(例如投票行为,当一个受访者回答"是"的时候得 1 分,回答"不是"的时候得 0 分),最小二乘法就不那么有效了,误差项也不能呈正态分布了。但是由最大似然法估计的 logit 模型可以提供一个渐近、有效并且一致的估计,而且这个估计可以被应用到大量的实验当中。的确,在最小二乘法无效的情况下,最大似然估计的主要优势就在于能够(在大样本的情况下)给出一个一致并且渐近、有效的估计量。

因为最大似然估计法是一个普遍适用的估计过程,所以在我们的很多系列著述中已经出现过[例如德马里斯(Demaris)最新的论文,《logit 模型:实际应用》,第 86 号(*Logit Modeling*:*Practical Applications*,No. 86)]。然而,直到现在,我们仍然没有专门的书籍讨论这个内容。在这本入门读物中,伊莱亚森(Eliason)教授提醒读者,除了正态分布外还有很多重要的连续分布。例如,在一个巧妙的图形当中,他运用了伽马分布(指数和卡方的母型)来协助对密度函数核心概念的理解。他也展示了最大似然法在提供一个全局模型策略时融合简单线性和复杂非线性模型的能力。他阐明了在处理劳动力市场数据时应对不同情形的策略(如美国的工资分配,如果只考虑正值,它近似于一个伽马分布)。伊莱亚森教授也进一步讨论了不同的最大似然统计:似然比检验(likelihood ratio test),针对具体参数的 z 检验(z test),沃德检验(Wald test),以及基于熵的相关测量值 R。

　　伊莱亚森教授严谨地提出了最大似然估计的操作步骤，包括借助电脑执行的高斯程序所提供的有效细节来选择关键的初始值。在第3章的结尾，他机敏地说道："最大似然估计法的发现，在某些时候与其说是科学上的，不如说是艺术上的。"在这本早应出现的入门读物中，他帮助读者同时欣赏最大似然法这两方面的魅力。

　　　　　　　　　　　　迈克尔·S.刘易斯—贝克

第 **1** 章

导语：最大似然法的逻辑

定量社会科学研究丛书(QASS)的读者会发现这本著作同这一系列丛书中的大部分有些不同。为什么？最大似然估计及其原理，涉及的是在模型中获得估计值的规则，而非构建模型本身的规则。因此关于最大似然估计的著述将会不同于对数线性模型或回归模型。因为后者更注重建模，而前者的重点在于获得模型中估计量的规则。对最大似然法的讨论类似于研究如何获取一些线性模型中的普通最小二乘或广义最小二乘，而非如何建模。然而，当它打开那些其他大多数方法无法打开的建模之门时，我们发现，最大似然法的逻辑也包含了极其灵活且令人兴奋的一般建模策略。

如同我下面所要展示的，正态误差回归模型是供研究者使用的最大似然框架的众多模型之一。为了将最大似然估计的基本逻辑同实践相结合，我提出了一个使用最大似然法工具的泛用模型框架。这个框架提供了一个非常灵活的建模策略，适用于从最简单的线性模型——诸如正态误差回归——到最复杂的、用非正态分布连接一系列内生和外生变量的非线性模型。这个方法和金（King）1989年的方法相似。若需了解扩展到社会科学领域内的最大似然法的更多应用，请参考金（King，1989），克拉默（Cramer，1986），雨宫健（Amemiya，1985）和马德拉（Maddala，1983）的文章。

　　在介绍最大似然框架提供给我们的一般建模策略之前，我在本章中首先会提供一些必要的背景术语和准备工作。之后我会讨论最大似然估计的潜在逻辑，并给出两个简单的例子来阐述寻找最大似然估计量和估计值的一般技巧。我用一个对估计量（包括最大似然估计量）理想性质的讨论来结束本章。

　　在第 2 章，我会描述一个应用最大似然法逻辑的泛用建模框架。我会阐述这个框架，介绍使用正态分布的有效推理工具。介绍使用正态分布的框架有助于扩展正态误差回归模型。在第 3 章，我将会讨论一些寻找最大似然解的基本方法。这一章也会讲到最大似然估计协方差矩阵的一般形式和最大似然估计值的抽样分布。在接下来的第 4 章，我会提出从正态分布到其他有用分布更多的实证例子。最后，第 5 章梳理了前一章中没有提到的一些有用的似然法。

第 1 节 | 背景和前言

　　随机变量是指能够描绘可观测结果值的实值函数。例如，对于一个变量 Y，如果一个人失业了，那么 $Y = 1$，如果一个人没有失业，那么 $Y = 0$，则这个 Y 就是随机变量。随机变量也可以定义为与一个个体在一系列社会阶层中的位置有关的整数。这两个随机变量都是离散随机变量的例证，它们要么是有限值，要么是可数的无限值。

　　另一方面，一个连续随机变量可以取实数轴上无限多的可能值。例如，一个选定个体实际年龄的随机变量可以被看作是连续的随机变量。其他连续随机变量的例子包含一些报酬类型，比如劳工市场的工资。按照惯例，随机变量用一个大写罗马字母来表示，其相应的小写字母则表示源于随机变量的实际观察值。

　　与随机变量相关的每一个可能结果都有一个相应的发生概率。这个概率可以写作一个函数，使得随机变量值域中的每一个值都对应一个相应的发生概率。这个函数要么是一个离散随机变量的概率函数,要么是连续随机变量的概率密度函数。例如,假设一个随机变量 X_i,如果个体 i 从事的职业有管理性质,则 $X_i=1$,否则 $X_i=0$。换言之,可将 X 视为一个虚拟变量,用来代表个体是否从事管理性质的职业。现在,我们用样本 N 定义一个新的随机变量 Y,其中 $Y=\sum_{i=1}^{N}X_i$。那么这个新随机变量 Y 的概率函数可写为:

$$P(Y=y;\ N,\ p)=\begin{pmatrix}N\\y\end{pmatrix}P^y(1-p)^{N-y} \qquad [1.1]$$

$$y=0,\ 1,\ 2,\ \cdots,\ N;\ 0\leqslant p\leqslant 1$$

其中 y 是在样本中从事管理性质职业的个体(即,那些 $X_i=1$ 的个体)的数量,p 则是用来描述在总体中任何一个个体拥有管理职业可能性的一个参数。这个概率函数是一个二项概率函数,在这个例子中具体指 N 个伯努利(Bernoulli)随机变量的总和。这个二项式概率函数在对一些二分变量进行建模时十分有效。另外一个有用的概率函数为多项式概率函数,它是二项式概率函数一般化的形式,被用于多分类变量(polytomous variable)的建模。在第 4 章我将讨论并给出一个多项式概率函数的例子。

对于连续随机变量,广为人知的一个概率密度函数就是正态分布,它可以写作:

$$f(y;\mu,\sigma^2)=\frac{1}{\sqrt{2\pi\sigma^2}}\exp\left[\frac{-(y-\mu)^2}{2\sigma^2}\right]$$

$$-\infty<y<+\infty$$

$$-\infty<\mu<+\infty,\ 0<\sigma^2<+\infty$$

[1.2]

其中 y 是随机变量 Y 的观察值,μ 和 σ^2 则是分别控制分布的位置和形状的参数。对于正态分布来说,随机变量 Y 也许能够取到整个实数轴上的所有值。图1.1中展示了一个正态分布,其平均值为0,即 $\mu=0$,以及不同的 σ^2 值,即分布的方差。我们为一个连续随机变量假设模型时,当其中的随机变量的常数方差,或者其非常数方差值可以被模型化时,正态分布就变得十分有效了。下面我会展示一些例子。

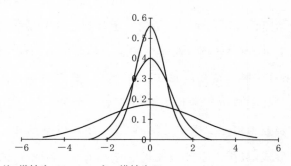

注:纵轴为 $f(y;\mu,\sigma^2)$,横轴为 Y。

图1.1　$\mu=0$, $\sigma^2=0.5$, 1 和 5(从最高峰分布到最低峰分布)的正态分布

虽然正态分布是非常有用的概率密度函数,但是其他类型的连续分布更加适合社会科学中连续变量的性质。

比如,劳工市场的薪酬(例如工资和收入)完全由非负实数组成,它的经验分布始终右偏。灵活的、连续分布的伽马概率密度函数最初主要用于等待时间模型,但也适用于任何非负连续随机变量。

伽马概率密度函数的函数形式可以简写为:

$$f(y\,;\,\mu,\,\nu) = \left(\frac{1}{\Gamma(\nu)}\right)\left(\frac{\nu}{\mu}\right)^{\nu} y^{(\nu-1)} \exp\left(\frac{-\nu y}{\mu}\right) \quad [1.3]$$

$$0 \leqslant y < +\infty\,;\ 0 < \mu < +\infty\,;\ 0 < \nu < +\infty$$

然而,图 1.2 和图 1.3 所示的分布显得有些过于灵活。对于伽马分布来说,μ 控制着分布的位置(即,μ 是伽马分布的平均值),μ^2/ν 控制着形状(即,μ^2/ν 是方差)。当 $\nu = 1$ 时,伽马分布变成了一个指数分布。当 ν 和 μ 都为 1 时,伽马分布变成了标准指数分布。大家熟知的自由度为 n 的卡方分布是一个当 $\mu = n$,$\nu = n/2$ 时的特殊伽马分布。最后,当 $\mu = 1$ 且 $\nu = 2$ 时,伽马分布是美国工资分布的一个良好

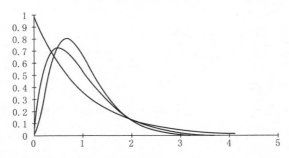

注:纵轴为 $f(y\,;\,\mu,\,\nu)$,水平轴为 Y。

图 1.2　$\mu = 1$,$\nu = 1$,2 和 3 时的伽马分布

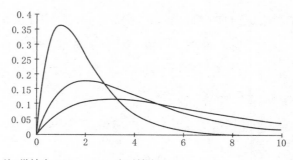

注：纵轴为 $f(y; \mu, \nu)$，水平轴为 Y。

图 1.3 $\mu = 2$, 4 和 6, $\nu = 2$ 时的伽马分布

近似。如同我下面即将展现的，当我们有针对一个非负连续随机变量的模型，且这个变量的非恒定的方差依赖于平均数但方差系数为常数时，伽马分布便十分有效。

对于最大似然估计以及在其他估计步骤里，一个给定的概率密度函数或概率函数的一阶矩（moment）和二阶矩是十分关键的。首先，一个分布的一阶矩或平均值的估计十分关键。对于随机变量 Y 的概率密度函数和密度函数的平均值（不要和样本平均值混淆）可用 $E(Y)$ 表示，读作 Y 的数学期望。出于探索的目的，$E(Y)$ 被假定为最有可能的 Y 的取值。随机变量的期望值显示出主体的中心位置和分布的中心趋势。

不仅中心趋势十分关键，概率密度函数和概率函数的变化程度，即方差，也十分关键。这和分布的二阶矩有关。拿一个具体的随机变量 Y 来说，$V(Y)$ 表示 Y 分布的方差（不要和样本方差混淆）。Y 分布的方差表示 Y 的分散程度或不确定性。

通常我们以 $E(Y)$ 和 $V(Y)$ 的形式表示其分布，它们可以被视为概率密度函数和概率函数中参数的函数。例如，在一个正态分布中，$E(Y) = \mu$，$V(Y) = \sigma^2$。伽马概率密度函数的 $E(Y) = \mu$，$V(Y) = \mu^2/\nu$。对于二项概率函数来说，$E(Y) = Np$，$V(Y) = Np(1-p)$。因此，用于表示 $E(Y)$ 的模型通常都对应用于表示控制分布中心位置参数的模型。例如，对于正态概率密度函数，一个用于表示 $E(Y)$ 的模型总与 μ 的相同模型相对应。类似地，一个用于表示 $V(Y)$ 的模型也会与这个参数或者控制分布方差的参数衍生出来的某个模型对应。例如，在正态概率密度函数中，一个用于表示 $V(Y)$ 的模型就和 σ^2 的相同模型相对应。

通常而言，我们感兴趣的是 $E(Y)$ 的建模，或者有时是在一系列固定的因素、自变量或回归量（regressor）的条件下的 $E(Y)$ 和 $V(Y)$。在最大似然估计中，这些模型对应着控制一个具体概率密度函数或概率函数参数的模型。在大多数统计文本中，通常简单地将参数定义为一个概率函数或概率密度函数中的任意常量，并且在一个特定范围内可取一些任意值。如上所述，概率密度函数和概率函数的参数控制着概率密度函数和概率函数的不同表现。

或许，在社会科学领域内，最常见的连续随机变量模型就是正态概率密度函数中 $\boldsymbol{\mu}$ 的线性回归模型。不考虑下

标的话,模型可以简写为:

$$\boldsymbol{\mu} = \mathbf{X}\boldsymbol{\beta} \qquad [1.4]$$

等价于正态概率密度函数中的

$$E(\boldsymbol{Y}) = \mathbf{X}\boldsymbol{\beta} \qquad [1.5]$$

$\mathbf{X}$ 通常表示固定因素的一个矩阵,而 $\boldsymbol{\beta}$ 是模型参数的一个向量。当需要加以区分时,我指的参数是作为模型结构一部分的模型参数,我指的概率密度函数/概率函数参数是明确地作为某些概率密度函数/概率函数一部分的参数。若不需要加以区分,我会简单地用参数这个词来表述二者。因为正确的建模策略依赖概率密度函数或者概率函数的使用,下面我将详述这部分内容。

第 2 节 │ **最大似然法则**

在社会科学中,数据既用来检验假设也用来搭建理论。由于著名统计学家费舍教授 1950 年的贡献,最大似然法提供了一个用于准确评价可用信息的统计框架。假设我们有 N 个独立同分布(iid)的随机变量,用列向量 $\mathbf{Y}=[Y_1,\cdots,Y_N]'$ 表示,从 $\mathbf{Y}$ 中抽出的与观测数据相对应的一个列向量 $\mathbf{y}=[y_1,\cdots,y_N]'$,以及有 p 个概率密度函数或概率函数未知参数(用一个列向量 $\boldsymbol{\theta}=[\theta_1,\cdots,\theta_p]'$ 表示)的 $f(\mathbf{y};\boldsymbol{\theta})$(注意这里的 $\boldsymbol{\theta}$ 可以是 $p=1$ 条件下的一个标量)给出的一个联合概率密度函数或概率函数。最大似然法则可以被阐释为:找到一个 $\boldsymbol{\theta}$ 的估计值,从而使获得那些实际观测到的数据的可能性达到最大。换言之,假定一个随机向量 $\mathbf{Y}$ 的观察量 $\mathbf{y}$ 的样本,找到一个 $\boldsymbol{\theta}$ 的解,使之可以最大化相应的联合概率密度函数或联合概率函数 $f(\mathbf{y};\boldsymbol{\theta})$。

因为 $\mathbf{Y}$ 中的元素都是相互独立的,其联合分布可写作单个边际分布的乘积。下面我们最大化一个通常被叫作似然函数的式子[1]：

$$\Lambda(\theta) = \prod_{i=1}^{N} f(y_i \,;\, \boldsymbol{\theta}) \qquad\qquad [1.6]$$

其中 $\prod\limits_{i=1}^{N}$ 为乘积算子。用乘积计算造成了大量计算上的困难；另一方面，总和更容易控制。当 $\Lambda(\boldsymbol{\theta})$ 的自然对数是一个超过其整个范围的 $\Lambda(\boldsymbol{\theta})$ 的增值函数，我们反而可以取对数似然函数 $\ln[\Lambda(\boldsymbol{\theta})] = \lambda(\boldsymbol{\theta})$ 的最大值，得到的解同最大化 $\Lambda(\boldsymbol{\theta})$ 时取得的解相同。在独立同分布的前提下，$\Lambda(\boldsymbol{\theta})$ 可以写作：

$$\lambda(\boldsymbol{\theta}) = \ln\Big[\prod_{i=1}^{N} f(y \,;\, \boldsymbol{\theta})\Big] = \sum_{i=1}^{N} \ln[f(y_i \,;\, \boldsymbol{\theta})] \quad [1.7]$$

上面等式 1.7 中，对数似然函数取最大值时，$\boldsymbol{\theta}$ 的解被称作最大似然估计量（maximum likelihood estimator，MLE），通常记为 $\hat{\theta}$，它的值被称作最大似然估计值。

　　为了弄明白这个过程，使用正态分布来讲解会比较易懂。假设我们对找 μ 的值，也就是正态分布的平均值感兴趣，在给定 σ^2 值的条件下，通过最大化一个特定数据集的对数似然函数获得。进一步假设我们已经随机采样了 10 个正在工作的劳动力个体，并记录了他们的时薪。需要强调的是，样本的大小 10 只是为了方便讲解。一般的最大似然估计过程通常都需要大样本，因为最大似然估计值的理想性质（下面将会讨论）只有在大样本时才能体现出来。[2]

　　因为在这个例子中我们假设了一个正态分布，并且众

所周知时薪是右偏的,使用工资的自然对数有助于使这个经验分布呈正态。假设时薪对数的观测向量如下:

$$y = [1.91,1.54,1.71,1.55,3.02,1.76,$$
$$2.50,1.84,1.61,1.25]'$$

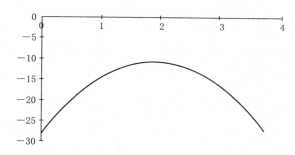

注:纵轴为对数似然,横轴为 μ。

图 1.4 正态分布的对数似然

利用这些数据,图 1.4 中纵轴给出了正态分布(如等式 1.8 所示)的对数似然函数的值,而横轴则是 μ 的值。当我们从左往右看横轴时,我们发现对数似然函数首先是增大的,达到一个峰值后下降。以这种方式观察这个例子让我们初步感受了一下如何寻找最大似然值。回想一下我们是如何寻找一个 μ 值使得对数似然函数取最大值的。很明显,当我们观察图像时,发现这个函数有最大值。进一步讨论,这个例子中的最大值是唯一的。也就是说,这个分布中不存在其他的峰值。当我们遍寻横轴的 μ 值时,我们发现当 $\mu = 1.87$ 时函数达到了峰值 -10.40。通过图像的方法，我们找到了本例中 μ 的最大似然估计为 1.87。当 $\mu=1.87$ 时，观察到数据向量 **y** 的可能性最大。

我们可以画一个图，然后照上例的方法找到正态分布平均值 μ 的最大似然估计。然而，这种方法非常冗繁且费时，而且不总是那么准确。而使用微积分提供的工具可以建立一个公式，它可以告诉我们对于所有数据集合如何计算正态分布中 μ 的最大似然估计值，这种准确度是图像方法不能达到的。

假设我们从 **Y** 中提取出一个样本量是 N 的样本，**Y** 是如上所述的一个 $N\times 1$ 独立同分布正态随机向量。这里我们把正态概率密度函数写成 $\mathbf{Y} \sim N(\mu, \sigma^2)$，读作"**Y** 是参数 μ 和 σ^2 的正态分布"。回想在概率密度函数中，μ 控制着中心趋势或分布的平均值，而 σ^2 掌控着分散程度或方差。在图 1.4 的例子中，假设 σ^2 已知并且参数向量只是一个标量，则 $\boldsymbol{\theta}=[\mu]$ 并且 $f(\mathbf{y}; \boldsymbol{\theta})=f(\mathbf{y}; \mu)$。那么最大似然 $\lambda(\mu)$ 可被写作：

$$\lambda(\mu) = \sum_{i=1}^{N} \ln\left[\frac{1}{\sqrt{2\pi\sigma^2}}\exp\left(\frac{-(y_i-\mu)^2}{\sigma^2}\right)\right] \qquad [1.8]$$

$$= -N(\ln\sqrt{2\pi\sigma^2}) - \frac{1}{2\sigma^2}\sum_{i=1}^{N}(y_i-\mu)^2$$

此处 y_i 是 **Y** 的观测量。而 $-N(\ln\sqrt{2\pi\sigma^2})$ 的值不依赖于 y_i 并且暂时可以被忽略掉。进一步来看，$1/(2\sigma^2)$ 作为一个常数定标因素（scaling factor），因为假定 σ^2 已知也可以

被暂时忽略。对数似然重要的部分或核心是

$$-\sum_{i=1}^{N}(y_i - \mu)^2 \qquad [1.9]$$

为了在等式 1.9 中找到 μ 的最大似然估计,我们必须找到,对数据向量和 μ 所有可能的组合而言,在图 1.4 中那样的最大值。为此,最有效的方法是画出这个对数似然曲线的切线,如图 1.5。其中每条曲线的切线都有一个斜率。我们可以发现曲线的斜率为 0 时就是我们要找的答案。也就是说,我们要找的那条线是水平的。幸运的是,这对数据向量和 μ 所有可能的组合也成立。综上所述,最大似然解是对数似然曲线上斜率为 0 的点。

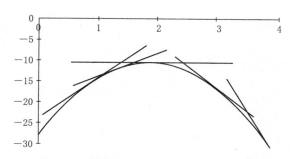

注:纵轴是对数似然值,横轴为 μ。

图 1.5　正态分布的对数似然函数及其切线

为了在没有图像技术的支持下找到这个点,我们对等式 1.9 中的 μ 进行一阶求导,并使等式为 0,求得 μ 的值。一阶导数代表了图 1.5 中对数似然函数的切线斜率。通过将一阶导数设为 0，我们即把切线斜率设成了 0，因此强制它成为一条水平线。之后，通过解方程，我们发现了一条斜率为 0 的切线与曲线接触的那个点。在这个例子当中，这个点即为正态概率密度函数中 μ 的最大似然解。

然而，完成这个步骤后，我们还需要验证这个解的确是最大的，而非斜率同样为 0 的最小值。这一步靠查看相关参数对数似然函数的二阶导数来完成，它告诉我们该曲线在解的周围是向上凸起还是向下凹陷的。如果二阶导数小于 0，那么这条曲线就是向下凹陷的（如图 1.5 所示），这个解就是最大值。

将 μ 的一阶导数作为对数似然函数的核心，可以得出以下等式：

$$\frac{\partial}{\partial \mu}\left[-\sum_{i=1}^{N}(y_i-\mu)^2\right]=2\sum_{i=1}^{N}y_i-2N\mu \qquad [1.10]$$

将等式 1.10 的结果设为 0 从而对 μ 求解，就得到了 μ 的最大似然估计量：

$$\hat{\mu}=\frac{\sum_{i=1}^{N}y_i}{N} \qquad [1.11]$$

将等式 1.8 用 $\mu=-N/\sigma^2$ 代换并对 μ 进行二次求导，因为 $-N/\sigma^2$ 总是小于 0 的，我们得到的就是一个最大值。因此，在正态分布中，μ 的最大似然估计量是样本的平均值 $\hat{\mu}$。如果我们计算 y 的样本平均值，可以得到解为 1.87，正如从图 1.4 的检验中得到的。

有时我们也需要获得最大似然估计量的方差。这也可以通过求二阶导数来完成。下面我将会展示更多的具体步骤。最大似然估计的方差总能以二阶导数的函数形式表述。当我们面对的参数向量中有两个或两个以上的参数时，参数向量最大似然估计的方差—协方差矩阵可以作为二阶导数矩阵的函数。二阶导数的矩阵通常被称为海塞矩阵（Hessian matrix）。下面将详细叙述。

正如上文提到的，对 μ 的对数似然函数求二阶导数的结果是 $-N/\sigma^2$。对于单个参数的例子而言，$\hat{\mu}$ 的方差 $V(\hat{\mu})$ 可以表示如下：

$$V(\hat{\mu}) = \left[-E\left(\frac{\partial^2 \lambda(\mu)}{\partial\mu\partial\mu}\right) \right]^{-1} = \sigma^2/N \qquad [1.12]$$

等式 1.12 中间的一步是上面提到的二阶导数函数的数学形式。特别要指出的是，它是二阶导数期望值负数的倒数。将 $\hat{\mu}$ 简单地作为样本平均值时，不难发现其方差结果是样本均值方差的一般形式。

如果我们想要用等式 1.12 对这个均值进行一般的 z 检验或者围绕这个均值构建一般的置信区间，我们需要用估计值代替 σ^2。对于 σ^2 的最大似然估计是样本方差：

$$\hat{\sigma}^2 = \frac{\sum_{i=1}^{N}(y_i - \hat{\mu})^2}{N} \qquad [1.13]$$

众所周知，$\hat{\sigma}^2$ 是 σ^2 的有偏估计（我将会在下面更详细地讨论什么是有偏估计）。为了修正这个偏差，我们将 $\hat{\sigma}^2$ 乘以 $N/(N-1)$。因此，随着样本量变大，$\hat{\sigma}^2$ 的偏差变得不那么重要。就这个例子而言，$\hat{\sigma}^2 = 0.24$ 且 $V(\hat{\mu}) = 0.24/10 = 0.024$。

前面的例子有点简化。我们很少只对数据中随机变量 Y 的边际信息感兴趣。很多时候我们更想知道一系列特定的自变量条件下，如 X，如何对 Y 进行建模。我们指定 $\mathbf{Y}$ 是独立同分布的随机变量的一个 $N \times 1$ 向量，基于 $\mathbf{X}$ 的某个函数，如 $g(\mathbf{X})$，这些随机变量呈条件正态分布。进一步让 $\mathbf{X}$ 变成一个 $N \times p$ 的矩阵，其中 $\mathbf{x}_i$ 是一个 $1 \times p$ 的向量，表示 $\mathbf{X}$ 中第 i 行的值。注意 $\mathbf{X}$ 中所有 i 的第一列都是 1，以此来满足模型中一般存在的常量。如上，让 y_i 表示事件 i 时 $\mathbf{Y}_i$ 的值。

为了让 X 的条件更加清晰地体现在 $\mathbf{Y}$ 的概率密度函数上，我们将其写作 $\mathbf{Y} \sim N[g(\mathbf{X}), \sigma^2]$。这同说明 $\mathbf{Y}$ 是正态分布的随机变量一样，其中 $E(\mathbf{Y}) = \boldsymbol{\mu} = g(\mathbf{X})$，$V(\mathbf{Y}) = \sigma^2$。为了更加明了地表示出这些元素，我们可以写成 $E(\mathbf{Y}_i) = \mu_i = g(\mathbf{x}_i)$ 的形式。注意 $V(\mathbf{Y}_i) = \sigma^2$ 在此例中是一个常数，并且不依赖于 $\mathbf{X}$。这点很关键，因为它表明了 $\mathbf{Y}$ 是基于 $\mathbf{X}$ 的特定函数条件下关于 μ 的正态分布。

为了简化上述内容，假设我们只有一个自变量。例如，假设除了时薪的对数，我们也收集了上个例子中每个

人完成的教育年限信息。把这个自变量指定为 $\mathbf{x}_1$ 且:

$$\mathbf{x}_1 = [15,\ 12,\ 12,\ 11,\ 18,\ 16,\ 16,\ 14,\ 12,\ 12]'$$

进一步假设我们要基于已完成的教育年限这个条件来对时薪进行对数建模。如果我们让 $g(\mathbf{x}_1)$ 在 $\mathbf{x}_1$ 中为线性,即 $g(\mathbf{x}_1) = \beta_0 + \beta_1 \mathbf{x}_1$,这里的 β_0 和 β_1 是模型参数,那么 $E(\mathbf{Y})$ 和 x_1 的关系就可以表示为:

$$E(Y_i) = \mu_i = \beta_0 + \beta_1 x_{1i} \qquad [1.14]$$

这个模型等价于有正态分布误差的简单线性回归模型 (Neter, Wasserman & Kutner, 1985)。即当我们假定 $\mathbf{Y}$ 基于 $\mathbf{x}_1$ 条件下呈正态分布时,等式 1.14 等价于模型

$$y_i = \beta_0 + \beta_1 x_{1i} + \varepsilon_i \qquad [1.15]$$

此处的 ε_i 呈正态分布且 $E(\varepsilon_i) = 0$, $V(\varepsilon_i) = \sigma^2$。值得注意的是,因为在正态概率密度函数中 μ 相对于 $\mathbf{y}$ 的位置,等式 1.14 和等式 1.15 所代表的模型是完全相同的。通常而言,在使用其他概率密度函数或者概率函数时,等式 1.14 和等式 1.15 是不相等的(举例见第 4 章)。

基于 $\mu_1 = \beta_0 + \beta_1 x_{1i}$,我们用 $\beta_0 + \beta_1 x_{1i}$ 代替等式 1.8 中的 μ,得出下面的式子:

$$-N(\ln \sqrt{2\pi\sigma^2}) - \frac{1}{2\sigma^2} \sum_{i=1}^{N} (y_i - \beta_0 - \beta_1 x_{1i})^2 \quad [1.16]$$

如同之前的例子,直觉上我们会通过查看对数似然面图像

来寻找最大似然解。然而,这个图像需要三个维度——一个用来表示 β_0 可能的值,一个用来表示 β_1 可能的值,一个用来表示对数似然的值。

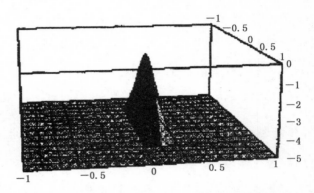

注:沿着顶端编号的轴是常数项 β_0,沿着底部编号的轴是斜率 β_1。而右侧从上往下编号的轴是对数似然。

图 1.6   一个简单回归的对数似然面

图 1.6 给出了例子中的数据的对数似然面。如前面的例子所述,最大似然解出现在对数似然面的最高点。然而,由于我们现在处在三维平面上,在图像上找到这个解的点不像在二维时那么简单。很明显,这个解可以在图像中部对数似然面的顶峰找到,但是精确与否却是另外一码事了。从图 1.6 的角度,我们能知道的仅仅是斜率 β_1 的解看起来是落在 β_1 轴零点右侧的第一个影线标记附近的。这个点大概是 $1/7$ 或者 0.14。然而,从这个角度来看,我们完全无法得知常数项 β_0 是多少。因为利用图像的技巧并

不总是可靠,我们想要一个更加准确和可靠的方法来寻找解。

如同上面所做的,为了找到一个更加准确的解,我们将等式 1.16 中对数似然的每一个模型参数分别取一阶导数,将得到的式子设置为 0,然后找到参数的相应解。在这个过程中,首先要注意的是在等式 1.16 中既依赖于数据又依赖于模型参数的部分才是我们要关注的:

$$-\sum_{i=1}^{N}(y_i - \beta_0 - \beta_1 x_{1i})^2 \qquad [1.17]$$

将等式 1.17 最大化等同于最小化误差的平方和:

$$\sum_{i=1}^{N}(y_i - \beta_0 - \beta_1 x_{1i})^2 = \sum_{i=1}^{N}\varepsilon_i^2 \qquad [1.18]$$

它告诉了我们 $\boldsymbol{\beta}$ 的最小二乘估计量。由此我们可以推导出一个众所周知的结果:当我们指定 $\mathbf{Y} \sim N(\beta_0 + \beta_1 \mathbf{x}_1, \sigma^2)$ 时,模型参数的最大似然估计值和最小二乘估计值其实是相同的。具体来说:

$$\hat{\beta}_1 = \frac{\sum_{i=1}^{N}(x_i - \bar{x})(y_i - \bar{y})}{\sum_{i=1}^{N}(x_i - \bar{x})^2} \quad 且 \quad \hat{\beta}_0 = \bar{y} - \hat{\beta}_1 \bar{x}$$

对于例子中的数据来说,图 1.6 中似然面的最大值点对应最大似然解 $\hat{\beta}_1 = 0.19$ 和 $\hat{\beta}_0 = -0.75$。

通常来说,对一个 $\boldsymbol{\mu} = \mathbf{X}\boldsymbol{\beta}$ 的多元回归而言(其中 $\boldsymbol{\mu}$ 是 $\mathbf{Y}$ 期望值的一个 $N \times 1$ 的向量,$\mathbf{X}$ 和上面的定义相同,$\boldsymbol{\beta}$ 则是

一个 $p \times 1$ 的模型参数向量），我们用相似的方法可以找到最大似然解。然而，除了现在以外，为了探索或者其他目的，图像法基本上对我们处理 p 维对数似然函数曲面并获得最大值已没有太大用处。虽然图像法不再有用，但是通过微积分我们仍能找到最大值。

为了找到正态假设下多元线性回归模型的最大似然估计值，我们需要对 $\boldsymbol{\beta}$ 的对数似然函数求一阶导数，设结果为 0，然后解得 $\boldsymbol{\beta}$。 一般情况下，我们可以把对数似然写作：

$$\lambda(\beta) = -N(\ln \sqrt{2\pi\sigma^2}) - \frac{1}{2\sigma^2} \sum_{i=1}^{N} (y_i - \boldsymbol{x}_i \boldsymbol{\beta})^2 \quad [1.19]$$

此处的 x_i 是 $\mathbf{X}$ 中的第 i 行。对于 $\boldsymbol{\beta}$ 中的某一特定元素 β_k，以及在 $\mathbf{X}$ 中的对应列 x_k，其一阶导数可以写作：

$$\frac{\partial \lambda(\beta)}{\partial \beta_k} = \sigma^{-2} \sum_{i=1}^{N} x_{ik}(y_i - x_i \boldsymbol{\beta}) \quad [1.20]$$

将这个导数设为 0 解得 $\boldsymbol{\beta}$ 的值，就得到了一般情况下的最大似然解：

$$\hat{\boldsymbol{\beta}} = (\mathbf{X}'\mathbf{X})^{-1}\mathbf{X}'\mathbf{Y} \quad [1.21]$$

这也是参数向量 $\boldsymbol{\beta}$ 的最小二乘解。这个结果显示，当满足 $\mathbf{Y} \sim N(\mathbf{X}\boldsymbol{\beta}, \sigma^2)$ 的条件时，最小二乘估计值和最大似然估计值的结果是一样的。

虽然我们已经知道这是最大似然估计的解，但还是有必要像上一个例子那样用二阶导数来检验一下。首先我们对 $\boldsymbol{\beta}$ 的对数似然函数求二阶导数:

$$\frac{\partial^2 \lambda(\boldsymbol{\beta})}{\partial \boldsymbol{\beta} \partial \boldsymbol{\beta}} = \mathbf{X}'\mathbf{X}(-\sigma^{-2}) \qquad [1.22]$$

因为 $\mathbf{X}'\mathbf{X}$ 必须是一个正定矩阵,并且 σ 必须是正值,二阶导数的矩阵是负定的,这也就告诉我们等式 1.21 构建的是最大值而非最小值。因此,等式 1.21 的确是最大似然解。

最终,和上面的例子一样,我们使用等式 1.22 中的结果来获取 $\hat{\boldsymbol{\beta}}$ 的方差—协方差矩阵。回想一下,最大似然量的方差会是二阶导数矩阵的负期望值的倒数,因此,

$$V(\hat{\boldsymbol{\beta}}) = (\mathbf{X}'\mathbf{X})^{-1}\sigma^2 \qquad [1.23]$$

它与最小二乘法解的形式相同。然而,σ^2 的最大似然估计量并不等同于使用最小二乘法得到的无偏估计量。这个偏差是 $N/(N-p)$ 比率的一个函数,这里的 p 是模型参数的数量。如果 p 是固定的,当样本量变大时,这个偏差会变得无关紧要。

这个例子中,用最大似然估计量来代替 σ^2:

$$\hat{\sigma}^2 = \frac{\sum_{i=1}^{N} \varepsilon_i^2}{N} = 0.065$$

等式 1.23 给出了协方差矩阵的最大似然估计值:

$$\hat{\mathbf{V}}(\hat{\boldsymbol{\beta}}) = \begin{bmatrix} 0.256 & -0.018 \\ -0.018 & 0.001 \end{bmatrix}$$

参数估计的方差通常是在对角线位置——$\hat{V}(\hat{\beta_0}) = 0.256$，且 $\hat{V}(\hat{\beta_1}) = 0.001$——而协方差则在非对角线位置——$\hat{V}(\hat{\beta_0}, \hat{\beta_1}) = -0.018$。这些值可以用来构建模型估计值的一般置信区间以及用来进行模型参数的假设检验。然而，由于这个有 10 个个案的例子主要是用来解释寻找最大似然解的逻辑，并且最大似然量在大样本中有理想的性质，所以我暂时不具体讨论和描述区间估计和假设检验，留到本书之后的内容中。

第 3 节 ｜ **估计量的理想性质**

当我们获得任何类型的估计量,我们都要知道它的性质。它有多接近我们想知道的参数的真实值? 其估计值的准确度有多少? 有许多性质可以用来判断一个估计量是否比另外一个更加准确,但是深入的讨论超出了本书的范围[更加详尽的讨论可参见 Amemiya(1985)]。然而,这里有三个性质是应该要讨论的:无偏性、一致性和有效性。

上面简单提到的无偏性在小样本的情况下十分有用。对于某个参数 θ, 如果一个估计量 $\tilde{\theta}$ 满足 $E(\tilde{\theta}) = \theta$ 的条件,那么这个估计量可以被称为参数 θ 的无偏估计量。换言之,如果估计量的值等于实际参数值,那么这个估计量就是无偏的。

另一个非常重要的性质是一致性。对于一些 θ 的估计量 $\tilde{\theta}$, 样本趋于无限时,则极限为:

$$\lim_{n \to \infty} P(|\tilde{\theta} - \theta| > \delta) = 0 \qquad [1.24]$$

此处的 δ 是一个任意小的常数,则我们就可以说 $\tilde{\theta}$ 是一个一致的估计量。随着样本容量增大，估计量 $\hat{\theta}$ 同参数 θ 的差的绝对值大于一些值很小的 δ 的可能性为零，那么 $\hat{\theta}$ 则是 θ 的一致估计量。对于大样本来说，一致估计量和无偏估计量一样重要。

目前为止，我已经给出了一些同某个参数相关的估计量。因为估计量是随机变量函数，它们也有方差或离散程度。有效性的这个性质正式地将此方差引入，以便进一步评估通常处于同类估计量（例如无偏或一致估计量）中的相互竞争的估计量。一个有效的估计量在所有估计量中有着尽可能低的方差，也就意味着在所有估计量中是最精确的。

为了启发读者，回想一下图 1.6 中简单线性回归模型对数似然函数的三维曲面图。例如我们想要在两个一致的估计量中选择其一。有效性的逻辑告诉我们要选择最精确的一个。从图像上来看，这就意味着选择那个以最陡斜率爬上一个已被定义的解点（solution point）的估计量。举一个例子，一个极端的情形是爬上的表面最高处不是一个点而是一个高原。如果你真的爬到这样一个表面上，在接近顶部时，你无论往哪里看所能看到的都是一个水平的平原。想象一下自己能够在这个平原上移动。因为它是表面的最高处，这整个平原就代表了一个解。然而，因为它是一个平原，上面的每一处都能相同地代表一个有效解。因为你所处的是一个无限坐标系，那个解（事实上是那些解）的定义是有问题的，有无限大的方差并且没有有效性。

　　如上所述，这个情景给出了一个极端情况。最常见的是我们以虚拟平面顶部的弯曲程度来处理估计量。如果一个估计量有着最小程度的弯曲，或是从解点处有最陡的下降，则被称为是所有估计量中最有效率的。图像法再一次显得不那么可靠，一旦超过三维的话用处就很小。因此我们再次需要利用微积分来评价估计量的有效性。

　　首先回想一下一阶导数代表着曲面切线的斜率。其次，二阶导数告诉我们一个物体从一个固定点的加速度。例如，我们假想一个物体任由它自己从解点加速离开，这时二阶导数对评估它的速率会十分有效。而在我们高原的例子里，因为高原的水平特点，所以不存在加速度。远离解点的加速度越大，在解中的方差越小，并且解的有效性越高。

　　对于一个参数向量，在 R.A. 费舍之后，所谓的"费舍信息矩阵"（Fisher information matrix）包含了一个用于评价参数向量估计量可能有的最大有效性所需要的信息。有 N 个个案的一个案例的费舍尔信息矩阵为：

$$\mathrm{I}(\boldsymbol{\theta}) = E\left[\lambda'(\boldsymbol{\theta})^2\right] = -E\left[\lambda''(\boldsymbol{\theta})\right] \qquad [1.25]$$

此处的 $\lambda'(\boldsymbol{\theta})$ 是一些参数向量 $\boldsymbol{\theta}$ 对数似然的一阶导数，

$\lambda''(\boldsymbol{\theta})$ 则是相应的二阶导数,$E(.)$ 是 $\boldsymbol{\theta}$ 参数空间中的期望算子。

现在,对于 $\boldsymbol{\theta}$ 的一个估计量 $\tilde{\boldsymbol{\theta}}$,众所周知的拉奥—克莱默不等式(Rao-Cramér inequality)告诉我们:

$$V(\tilde{\boldsymbol{\theta}}) \geqslant \frac{\left[E'(\tilde{\boldsymbol{\theta}})\right]^2}{NI(\boldsymbol{\theta})} \qquad [1.26]$$

此处的 $V(\tilde{\boldsymbol{\theta}})$ 是估计量 $\tilde{\boldsymbol{\theta}}$ 的方差,而 $E'(\tilde{\boldsymbol{\theta}})$ 则是 $\tilde{\boldsymbol{\theta}}$ 期望值的一阶导数。它本质上表述了 $\boldsymbol{\theta}$ 所有可能估计量的方差都和不等式右侧的比率有关,那些达到这个比率的估计量被认为是最有效的 $\boldsymbol{\theta}$ 估计量。换言之,在给定的一组无差或者是一致的估计量中,最有效的,或者是方差最小的估计量十分理想的地方就在于,它在期望值附近的分散程度最小,而且是相应参数最精确的估计量。

最大似然估计量一般来说有着非常理想的性质。对于一个给定的概率函数或概率密度函数来讲,如果存在一个最大似然解,那么用 $\hat{\boldsymbol{\theta}}$ 表示的最大似然估计值将会既一致,又在所有一致的估计量中对 $\boldsymbol{\theta}$ 最有效。出于实际的考虑,对于本书中包含的所有例子,最大似然估计量也是渐近无差的(Stuart & Ord, 1991)。就是说,当样本量增加时,最大似然估计量会趋于一个无差估计量的性质。并且,如果我们能够在一般情况下证明最大似然估计量是无差的,那么它将会是方差最小的——即最有效的——无偏估计量。最终,我将在第 3 章中讨论更多的细节,最大似然估计量的抽样分布是逐渐趋于正态的(也就是说,当样本量增大时,最大似然估计量的抽样分布接近正态分布)。在大样本中,最大似然量估计有理想的性质(参见注释[2],关于"多大"才足够大的判定)。[3]

第 **2** 章

使用最大似然法的广义建模框架

上述例子展示了在特定情况下最大似然估计量和最小二乘估计量的等价性，我们将其作为一个起点，讨论一个利用最大似然原则更为广义的建模方法。只有在满足 $Y \sim N(X\beta, \sigma^2)$ 的假设时，对模型参数的最大似然估计量和最小二乘估计量才是等价的。如果我们能满足这个假设的要求，那么使用哪种方法都没有区别。然而，如果假设有问题，或我们需要一个更加灵活的建模方式和估计过程，那么下面所要叙述的框架就十分有用了。

这里讨论的广义建模策略包含两个元素：设定内生随机变量或因变量的概率密度函数或概率函数，以及设定结构模型，这个模型连接控制含有外生固定元素或自变量的概率密度函数或概率函数的参数。这个策略同麦卡拉和内尔德（McCullagh & Nelder, 1989）所阐述的广义线性模型（GLM）策略相似。然而，此处给出的框架可以处理更为复杂的建模结构，但又比广义线性模型要来得简单。事实上，广义线性模型是这个策略的一个特殊例子。这个方法和金(King，1989)所提倡的最大似然途径十分相似。

第一要素，设定概率密度函数或概率函数，需要考虑产生内生随机变量过程的随机性质，在大多数建模背景下一般指的是因变量。如上所述，这个过程或许会产生一个离散或者连续的随机变量。如果我们打算对社会阶层、职业等级或类似的地位建模，那么我们需要一个针对离散变量的概率函数。另一方面，如果我们打算对诸如工资这样的回报的分布建模，则需要一个针对连续变量的概率密度函数。

我们必须考虑到产生过程中的值域。例如，正态分布假定随机变量能够取实数轴上的任意值。另一方面，伽马分布只允许非负值。有时一些过程会导致这个变量在最大值或者最小值处被截断。这使得我们去考虑托比特模式(Tobit type)(Amemiya，1985；Madala，1983；也可参见第 5 章)的一种截断概率密度函数(truncated PDF)。

通常来说，对于一个随机变量 Y，我们应该考虑 Y 的分布特性和概率密度函数或者概率函数的可能形式，这里记为 $f(y；\theta)$，其中 θ 是概率密度函数或者概率函数参数的一个向量(例如 μ 和 σ^2 之于正态概率密度函数)。我们主要通过两种方法来确定这些性质。第一，如果可以有足够详尽的描述，社会理论应该可以指出这些随机特质的本质。例如，理性选择理论(rational choice theory)和效用最大化原则(utility maximization principle)，这个原则有时丰

富到能直接阐释或间接暗示 Y 的正确分布形式(例如,
Coleman,1990)。类似地,姚肖(Jasso,1990)的比较过程
理论(theory of comparison processes)或者斯特赖克(Stryker,
1992)的合法过程理论(theory of legitimacy processes)都详尽
地指定了候选分布。并且,大部分社会阶层理论也导致了
对离散空间的设定,因此这也意味着一个相应的离散分布
(比如,Goldthorpe,1987;Roemer,1986;Wright,1985)。

第二,如果一个理论不足以指定一个合适的概率密度
函数或者概率函数,又或者它只是简单地不适用,并且如
果没有先验信息可用来决定 Y 的随机性质,那么在对 Y 的
实现值的检验中,数据值 y_i 或许对确定这些性质有帮助。
当没有理论信息可用时,检验直方图、频数分布、其他图表
类型和单变量统计会十分有帮助。

一旦选择了一个合适的概率密度函数或者概率函数,
接下来我们必须设定一些函数来连接概率密度函数/概率
函数参数向量 θ 与一个或多个固定的外生因素。对于一个
有 $i=1, \cdots, N$ 个案例和 θ 中有 $k=1, \cdots, p$ 个元素的样
本,这个设定可以写作:

$$\theta_{ki} = g_k(x_{ki}) \qquad [2.1]$$

此处的 θ_{ki} 表示 θ 中与事件 i 相关的第 k 个元素,$g_k(.)$ 表
示将事件 i 第 k 个因子集合与 θ 中第 k 个元素连接起来的
第 k 个函数,这里 x_{ki} 表示第 k 个概率密度函数/概率函数

参数与事件 i 的固定因子的 $1 \times q_k$ 向量的值。注意 x_{ki} 列的维度会随着 k 改变,因此使用 q_k 注释。

$g_k(.)$ 的形式(例如,线性、对数线性,或者一些其他更为复杂的函数)可以通过理论或者其他如上面所提到的概率密度函数或者概率函数设定的先验信息而变得更加具体。然而,在决定 $g_k(.)$ 函数形式的时候,我们必须注意考虑范围和相应的 θ 在概率密度函数或者概率函数中的表现。例如,如果我们对多项分布(multinomial distribution)的概率进行建模,指定一个关联函数使 $g_k(.) > 1$ 或者 $g_k(.) < 0$ 是不合适的。这点可以用一个例子来说明。

正态概率密度函数的整个模型可以被分割为两个结构连接,一个对 μ,另一个对 σ^2。也就是说,对于正态概率密度函数,等式 2.1 可以被写作:

$$\mu_i = g_1(x_{1i}) \qquad [2.2]$$

$$\sigma_i^2 = g_2(x_{2i}) \qquad [2.3]$$

注意这里并不要求 x_1 等于 x_2,因此有不同的下标。相似地,这两个函数也可以是不同的,因此这里的下标也不同。

为了将正态概率密度函数和一般的线性回归模型联系起来,考虑 $g_1(x_{1i})$ 中的 x_{1i} 为线性函数、$g_2(x_{2i})$ 中的 x_{2i} 为对数线性函数的情形,其中对于所有 i 来说 x_{2i} 都只由一个常数项组成。也就是说,考虑对于等式 2.2 和等式 2.3 的下列具体设定:

$$\mu_i = x_{1i}\boldsymbol{\beta} \qquad\qquad [2.4]$$

$$\sigma_i^2 = \exp(\gamma) \qquad\qquad [2.5]$$

此处的 $\boldsymbol{\beta}$ 是一个模型参数的列向量,而 γ 也是一个模型参数。正如上面所强调的,我们在意的是设定等式 2.5 使得 $\sigma^2 > 0$。因此在等式 2.5 中设定的是指数函数或对数线性函数而不是一个线性函数。

大多数时候我们能够以 $E(Y)$ 和 $V(Y)$ 的形式重写关联函数。对于等式 2.4 和等式 2.5,我们有完全相同的函数写法:

$$E(Y_i) = x_{1i}\boldsymbol{\beta} \qquad\qquad [2.6]$$

$$V(Y_i) = \exp(\gamma) \qquad\qquad [2.7]$$

这个模型等同于正态误差线性回归模型。并且,这个正态概率密度函数模型的设定将会对 $\boldsymbol{\beta}$ 产生与线性回归模型的最小二乘估计相同的估计值。同样要注意,等式 2.5 在给定只和常数项 γ 有关的 σ_i^2 的条件下严格地遵守了常数误差方差的性质。正态概率密度函数一个自然的扩展是将等式 2.5 扩展加入常数项以外的其他因素。从这个扩展后的设定来看,可以对异方差执行一个检验。同方差和异方差设定的例子都将会在下面给出,也会给出一些有用的推论检验步骤。

第 1 节 ｜ 正态概率密度函数模型

下面使用正态概率密度函数的例子是利用全国青年追踪调查的截面样本（Center for Human Resource Research，1988）来估计的。样本包括了 1979 年或 1980 年高中毕业或获得了同等学位的人。用于模型的数据主要来自 1987 年劳动力市场获得和职业，会在下面的每个设定中给出更多细节。这些正态概率密度函数模型的总样本量为 814。

正态概率密度函数是模型估计中最常用分布中的一种。当内生随机变量或它的一些函数既可以取正值也可以取负值时，正态分布会非常合适。正态概率密度函数有两个参数，可以被写作：

$$f(y\,;\,\mu,\,\sigma^2) = \frac{1}{\sqrt{2\pi\sigma^2}}\exp\left[\frac{-(y-\mu)^2}{2\sigma^2}\right]$$

$$-\infty < y < +\infty$$

$$-\infty < \mu < +\infty\,;\,0 < \sigma^2 < +\infty$$

[2.8]

其中 Y 是在整个实数轴上都可取值的内生随机变量，$E(Y)=\mu$，$V(Y)=\sigma^2$。正态概率密度函数可能的一些形状参见第 1 章图 1.1。

　　对包含 $i=1,\cdots,N$ 个独立抽样案例的样本，其正态分布的对数似然函数可写作：

$$\ln\left[\prod_{i=1}^{N}f(y;\mu_i,\sigma_i^2)\right]$$

$$=-\sum_{i=1}^{N}(\ln\sqrt{2\pi\sigma^2})-\sum_{i=1}^{N}\frac{1}{2\sigma_i^2}(y_i-\mu_i)^2$$

[2.9]

对于正态概率密度函数模型的一般指定，我们用 i 对 μ 和 σ^2 作下标，使它们能够随着 i 变化。本书后面的附录给出了高斯代码，它可用来估计下面提到的正态概率密度函数。因为附录中会详细阐述这些高斯代码，此处不再赘述。

第 2 节 | 简单的 Z 检验和置信区间:同方差正态概率密度函数模型

如同第 1 章所阐述的,在特定条件下,对线性模型来说最小二乘估计值和最大似然估计值是一样的。为了在当前的情境中实现这个简单的例子,我们可以使用下面这个对 μ 和 σ^2 的关联函数:

$$\mu_i = \beta_0 + \sum_{j=1}^{P} \beta_j X_{ij} \qquad [2.10]$$

$$\sigma_i^2 = \exp(\gamma_0) \qquad [2.11]$$

其中等式 2.10 是一般的线性模型,等式 2.11 中的 γ_0 是一个模型参数。注意 x 的集合可以包含像在一般多元回归模型中那样包含的幂指数项(平方、立方等)和交互项。另外也要注意等式 2.11 中的设定严格遵循同方差的原则。因为 $0 < \sigma^2 < \infty$,等式 2.11 被设定为对数线性而非线性的关联函数。有了等式 2.10 和等式 2.11 中给出的 μ 和 σ^2 的关联函数,这个模型等同于一般的线性回归模型,如下:

$$y_i = \beta_0 + \sum_{j=1}^{p} \beta_j x_{ij} + \varepsilon_i \qquad [2.12]$$

其中 ε_i 正态分布，$E(\varepsilon_i) = 0$，$V(\varepsilon_i) = \sigma^2$。该式等同于：

$$E(Y_i) = \beta_0 + \sum_{j=1}^{p} \beta_j x_{ij} \qquad [2.13]$$

下面的变量来自全国青年追踪调查数据，我们利用它们来估计同方差正态概率密度函数。因变量 y_i 是 1987 年个体 i 时薪的自然对数。而自变量 x_j 的集合，包含了前一年（WKSNW），在本例中即 1986 年，(a)工作的周数除以 10（TENURE），(b)邓肯社会经济指标（Duncan Socioeconomic Index，SEI），(c)失业的周数。

表 2.1　同方差正态概率密度函数模型

Y = 时薪对数 N = 814 对数似然 = −680.690			
基于熵的离散分析			
R = 0.052			
来源	离散	检验统计	
模型	37.452	卡方	74.904
误差	680.670	自由度	3
总体	718.122	p 值	0.000
参数	估计值	标准误	z 比率
μ 的关联函数			
常数项(β_0)	1.727	0.092	18.772
TENURE(β_1)	0.027	0.014	1.930
SEI(β_2)	0.005	0.001	5.000
WKSNW(β_3)	−0.010	0.003	−3.333
σ^2 的关联函数			
常数项(γ_0)	−1.165	0.015	−77.667

$$V(Y_i) = \exp(\gamma_0) \qquad [2.14]$$

　　表 2.1 给出了来自对同方差正态概率密度函数模型最大似然估计的结果,等同于等式 2.12 中对 β 的最小二乘估计值。因为最大似然估计是基于大样本理论的,即渐近理论(asymptotic theory),并且因为最大似然估计量的抽样分布是渐近正态的(参见第 3 章),标准单位正态分布被用在单参数的假设检验中。若 $\hat{\beta}$ 是 β 的最大似然估计量,而 $\mathrm{ase}(\hat{\beta})$ 是 $\hat{\beta}$ 的一个渐近标准误估计值,为了检验原假设中 β 等于一些值,例如 β^*,我们可能会用到下面的检验统计:

$$z = \frac{\hat{\beta} - \beta^*}{\mathrm{ase}(\hat{\beta})} \qquad [2.15]$$

在原假设成立的前提下,等式 2.15 所给出的比率将会有一个标准单位正态分布。在大多数情况下,$\mathrm{ase}(\hat{\beta})$ 会是获得 $\hat{\beta}$ 的一个副产品,并且可以从第 1 章第二个例子中描述的协方差矩阵对角线的平方根中重新得到。

　　例如,为了检验个人的职业地位是否对时薪的对数有显著影响,我们取社会经济指标的估计值与它渐近标准误的估计值的比率。注意,这么做的时候我们间接设置了 $\beta^* = 0$。 正确的比率给出了 $z = 0.005/0.001 = 5.00$。 正如这个类型检验的一般情况,我们之后比较计算后的比率 z 和在标准单位正态分布中的某个临界值。对于一个双边检验和 $\alpha = 0.05$ 的显著性水平来说,临界值 $z_{a/2} = \pm 1.96$。

因为我们 z 的计算值是大于 1.96 的,因此落入了通常被称为拒绝区域的范围内,我们拒绝了 $\beta = 0$ 的原假设,也就拒绝了社会经济指数对时薪的对数无影响的原假设。读者应该检验 WKSNW 是唯一在 0.05 的显著性水平上对因变量有显著影响的另外一个自变量。

有时我们想要在 $\hat{\beta}$ 估计点周围构建一个置信区间。这很容易。让 $z_{a/2}$ 取与一个 $(1-\alpha) \times 100\%$ 置信区间相对应的 z 值。就可以以常见的方式构建这个置信区间了:

$$\hat{\beta} \pm z_{a/2} \text{ase}(\hat{\beta}) \qquad [2.16]$$

例如,社会经济指数(SEI)估计值的一个 95% 的置信区间为 $0.005 \pm 1.96(0.001) = [0.003, 0.007]$。

最终,对于这个模型要注意 $\hat{\gamma} = -1.165$,这个值使得 $\hat{\sigma}^2 = \exp(-1.165) = 0.312$。 由于 $V(Y_i) = \sigma^2$,这就强调了该模型的方差为常数。也就是说保证了同方差的误差方差的设定。另外需要注意的是,对 σ^2 的最大似然估计值是渐近地等于误差方差的最小二乘估计量。

第 3 节 ｜ 似然比检验：异方差正态
概率密度函数模型

　　虽然对于一个单参数检验来说 z 检验十分有用，但我们想要检验一组参数时就不够了。对于多个参数的情况，最常见的检验可能就是似然比检验了。在大多数最大似然模型场景中，似然比检验可以像最小二乘回归中一般线性 F 检验那样被使用。为了进一步讨论，假设我们有一组 p 个模型参数，例如 $\boldsymbol{\beta} = [\beta_1, \cdots, \beta_p]'$。而且，在不损失普遍意义的情况下，假设我们想要检验在 $\boldsymbol{\beta}$ 中第一个 j 参数 $(j < p)$ 是否为空值。通常空值等于 0。我们可以用空值将此更加正式地表述为：

$$\begin{aligned} &H_0: \beta_1 = \cdots = \beta_j = 0 \\ &H_1: \text{一些 } \beta_1, \cdots, \beta_j \neq 0 \end{aligned} \qquad [2.17]$$

检验假设 2.17 等价于检验

$$\begin{aligned} &H_0: \boldsymbol{\beta} = [\beta_{j+1}, \cdots, \beta_p]' \\ &H_1: \boldsymbol{\beta} = [\beta_1, \cdots, \beta_p]' \end{aligned} \qquad [2.18]$$

其中原假设中的参数向量对应备择假设参数向量的一个子集。也就是说,对应原假设的模型被嵌套在对应备择假设的模型里。

似然比检验的指导原则是选择发生的可能性最大的假设。[4]换言之,在给定样本误差程度的前提下,选择能使等式 1.6 中定义的似然函数 $\wedge(.)$ 最大化的假设。让 $\hat{\boldsymbol{\beta}}_0$ 成为在原假设前提下最大似然估计值的向量,而 $\hat{\boldsymbol{\beta}}_1$ 成为备择假设前提下最大似然估计值的向量。定义似然比为 $LR = \wedge(\hat{\boldsymbol{\beta}}_1) / \wedge(\hat{\boldsymbol{\beta}}_0)$。 如果 H_0 为真,那么 $2\log(LR) = 2[\lambda(\hat{\boldsymbol{\beta}}_1) - \lambda(\hat{\boldsymbol{\beta}}_0)]$ 将会有一个卡方分布,并且这个卡方分布的自由度与在原假设中设置为 0 的参数数目相等。然而,如果 $2\log(LR)$ 不属于卡方分布,那么我们更倾向于备择假设 H_1。[5]

一般情况下,假设我们有某个参数向量 $\boldsymbol{\theta}$,且它被假定为某个参数空间 Ω_1 的一员。然而,我们想要检验 $\boldsymbol{\theta}$ 是否可能是 Ω_1 的一个子集,例如 Ω_0。 更简洁一点,我们想要检验在 $\Omega_0 \subset \Omega_1$ 前提下是否 $\boldsymbol{\theta} \in \Omega_0$(也就是说,$\boldsymbol{\theta}$ 是受限参数空间 Ω_0 的一个元素,而 Ω_0 是 Ω_1 的一个真子集)。我们可以用传统假设检验的框架陈述:

$$H_0 : \boldsymbol{\theta} \in \Omega_0 \qquad [2.19]$$
$$H_1 : \boldsymbol{\theta} \in \Omega_1, 且 \Omega_0 \subset \Omega_1$$

一般情况下 H_0 的似然比检验如下。让 $\hat{\boldsymbol{\theta}}_0$ 和 $\hat{\boldsymbol{\theta}}_1$ 分别作

为 H_0 和 H_1 前提求得的最大似然估计值。然后，设 LR $=$ $\wedge(\hat{\boldsymbol{\theta}}_1)/\wedge(\hat{\boldsymbol{\theta}}_0)$。如果 H_0 为真，那么 $2\log(LR)=2[\lambda(\hat{\boldsymbol{\theta}}_1)-\lambda(\hat{\boldsymbol{\theta}}_0)]$ 将会有一个卡方分布，并且这个卡方分布的自由度与加在给出子集参数空间 Ω_0 的参数空间 Ω_1 上的限制的数目相等。然而，如果 H_0 不为真，那么 $2\log(LR)$ 则不属于卡方分布，并且我们会得出支持备择假设 H_1 的结论。

为了阐述似然比检验，我拓展了同方差正态概率密度函数模型使其包含影响时薪对数方差的因子。通常，由于复杂的样本设计或者由于因变量的性质，同方差的假设是不现实的。对于正态概率密度函数模型而言，在估计中引入异方差性或非常量方差只涉及展开等式 2.11 求得方差。换言之，我们可以直接使用最大似然模型框架和似然比检验来检验异方差的来源。这让分析人员有了一个控制异方差的强大工具，超出了一般残差分析的工具。为了凸显这个模型和似然比检验，我首先考虑异方差正态模型中变量值权重的使用。接着我会展开方差等式 2.11 的设定，包含了上面所提到的等式 2.10 的自变量集合。

为了说明某些在样本中有变量值权重信息的复杂样本设计的类型，下面的关联函数就适用了：

$$\mu_i=\beta_0+\sum_{j=1}^{p}\beta_j X_{ij} \qquad [2.20]$$

$$\sigma_i^2=\exp[\gamma_0+\gamma_1\log(z_i)]=\exp(\gamma_0)z_i^{\gamma_1} \qquad [2.21]$$

μ 的关联函数与等式 2.10 中的一样，然而 σ^2 的关联函数现在包含了一个常数项外加描述权重的一个项 z_i。 对于等式 2.20 和等式 2.21 来说,μ 和 σ^2 的脚标都是 i,这就允许它们都随着 i 的变化而变化。这个模型也可以写作等式 2.12 那样,其中 $E(\varepsilon_i) = 0$,但是现在异方差被设定为 $V(\varepsilon_i) = \exp[\gamma_0 + \gamma_1 \log(z_i)]$。 它和下面的式子相对应:

$$E(Y_i) = \beta_0 + \sum_{j=1}^{p} \beta_j x_{ij} \qquad [2.22]$$

$$V(Y_i) = \exp[\gamma_0 + \gamma_1 \log(z_i)] \qquad [2.23]$$

这里应该强调这个模型的一个重要性质。如果我们设定了 $\gamma_1 = 1$,而非估计 γ_1,我们得到的结果会渐近等同于迭代加权最小二乘估计量。然而,通过估计 γ_1,我们可以利用上一部分描述的双边 z 检验来检验 γ_1 是否等于 1。正确的检验统计量由比率 $(\hat{\gamma}_1 - 1)/\mathrm{se}(\hat{\gamma}_1)$ 给出,而这个比率是在 $\gamma_1 = 1$ 的原假设前提下呈标准单位正态分布的。

因变量和自变量保持跟上一个例子中一样,现在 z_1 包括了变量值权重,表 2.2 给出了这个异方差正态概率密度函数模型的最大似然估计结果。同样,社会经济指数和 WKSNW 给出了在 0.05 水平上的显著结果,其中 z 比率分别为 5.00 和 -3.33。然而,对于一个检验统计量为 $(0.094 - 1)/0.088 = -10.30$(在表 2.2 中没有显示)而言,我们会拒绝 $\gamma_1 = 1$ 的假设,因此也就拒绝了迭代加权最小二乘解的适用性。

表 2.2 异方差正态概率密度函数模型一

$$Y = \text{时薪对数}$$
$$N = 814$$
$$\text{对数似然} = -680.304$$

基于熵的离散分析		
$R = 0.053$		

来源	离散	检验统计
模型	37.818	卡方 75.636
误差	680.304	自由度 4
总体	718.122	p 值 0.000

参数	估计值	标准误	z 比率
μ 的关联函数			
常数项(β_0)	1.728	0.093	18.581
TENURE(β_1)	0.027	0.014	1.930
SEI(β_2)	0.005	0.001	5.000
WKSNW(β_3)	-0.010	0.003	-3.333
σ^2 的关联函数			
常数项(γ_0)	-1.165	0.015	-77.667
权重对数(γ_1)	0.094	0.088	1.068

　　之前对 $\gamma_1 = 1$ 的检验只告诉我们是否要拒绝 $\gamma_1 = 1$ 的假设。为了检验作为变量值权重对数的一个函数的任何异方差性,我们需要检验 $\gamma_1 = 0$ 的假设及其备择假设 $\gamma_1 \neq 0$。这一步要么通过一般 z 检验完成,要么通过似然比检验完成,正如使用一个最大似然框架的任何单参数检验。使用显著性水平 $\alpha = 0.05$,z 比率为 $0.094/0.088 = 1.068$,这些数据中没有证据表明 γ_1 不等于 0。

　　我们也可以通过似然比检验的方式来检验 $\gamma_1 = 0$ 的假设,因为通过限制 $\gamma_1 = 0$,同方差模型是异方差模型的一个简化版本。在 $\gamma_1 = 0$ 的原假设条件下,正确的检验统计是

$2(\lambda_F - \lambda_R)$,此处 λ_F 是全模型——异方差模型——的对数似然值,而 λ_R 则是简化模型——同方差模型——的对数似然值。如果原假设为真,那么 $2(\lambda_F - \lambda_R)$ 的分布应该如一个自由度等于被估模型参数数目之差的卡方随机变量,或参数空间的限制的数目,在本例中为 1。对于自由度为 1 的 $2(\lambda_F - \lambda_R) = 0.772$,我们再一次无法拒绝 $\gamma_1 = 0$ 的假设,并且我们也没有证据显示作为变量值权重的一个函数存在显著的异方差。

为了进一步说明似然比检验,而不局限于有些冗余的单参数情形,考虑一个方差等式的进一步扩展。朝着这个目标,思考一下等式 2.21 的展开形式:

$$\sigma_i^2 = \exp\left[\gamma_0 + \gamma_1 \log(z_i) + \sum_{j=1}^{p} \gamma_{j+1} \log(x_{ij})\right] \quad [2.24]$$

此处的 z_i 还是案例 i 的变量值权重,而 x_{ij} 则是包含在 $E(Y_i)$ 等式 2.13 中的自变量集合。总的来说,等式 2.24 中的因子集合不需要和等式 2.13 中的一样,并且也可能包含幂指数项(平方、立方等)或者是和一般多元回归模型中一样的交互作用。这个异方差设定现在假定 $E(\varepsilon_i) = 0$ 和 $V(\varepsilon_i) = \exp\left[\gamma_0 + \gamma_1 \log(z_i) + \sum_{j=1}^{p} \gamma_{j+1} \log(x_{ij})\right]$。这对应了:

$$E(Y_i) = \beta_0 + \sum_{j=1}^{p} \beta_j X_{ij} \quad [2.25]$$

$$V(Y_i) = \exp\left[\gamma_0 + \gamma_1 \log(z_i) + \sum_{j=1}^{p} \gamma_{j+1} \log(x_{ij})\right]$$

$$[2.26]$$

表 2.3 给出了这个异方差设定的结果。因为这个异方差模型是等式 2.11 中同方差模型的简化形式,似然比检验可以被用来检验等式 2.24 右侧变量对非常数方差的联合影响。更准确地说,通过似然比检验,我们可以检验:

$$H_0 : \gamma_1 = \gamma_2 = \gamma_3 = \gamma_4 = 0$$
$$H_1 : 一些 \ \gamma_1 \ , \ \cdots \ , \ \gamma_4 \neq 0$$

注意常数项 γ_0 必须保留在模型中以使 σ^2 不等于 1。正确的检验统计量的值为 $2(680.689\,5 - 675.091\,8) = 11.195\,4$,自由度为 4,在显著性水平 0.05 上显著。因此似然比检验说明我们应该拒绝支持显著异方差性(正如等式 2.24 中变量解释的)的原假设。通过对最小二乘回归模型的广义线性 F 检验,这个类型的似然比检验没有准确地告诉我们哪个参数不为 0,它只告诉我们被检验对象中至少有一个是不为 0 的。

表 2.3 异方差正态概率密度函数模型二

$Y = $ 时薪对数 $N = 814$ 对数似然 $= -675.092$			
基于熵的离散分析			
$R = 0.060$			
来源	离散	检验统计	
模型	43.030	卡方	86.060
误差	675.092	自由度	7
总体	718.122	p 值	0.000

(续表)

参数	估计值	标准误	z 比率
μ 的关联函数			
常数项(β_0)	1.727	0.076	22.724
TENURE(β_1)	0.025	0.012	2.083
SEI(β_2)	0.005	0.001	5.000
WKSNW(β_3)	-0.009	0.002	-4.500
σ^2 的关联函数			
常数项(γ_0)	-1.338	0.223	-6.000
对数权重(γ_1)	0.102	0.091	1.121
对数 TENURE(γ_2)	0.346	0.084	4.119
对数 SEI(γ_3)	-0.044	0.049	-0.898
对数 WKSNW(γ_4)	0.017	0.006	2.833

　　一旦似然比检验被用来检验一堆变量,并且得到了显著的结果,那么之后就可以使用 z 检验对单个参数来评估哪个变量是显著的。在 $\alpha = 0.05$ 的显著性水平上,z 比率显示出来源于 TENURE($0.346/0.084 = 4.119$)和 WKSNW($0.017/0.006 = 2.83$)的显著的异方差性。这些估计值显示,对于那些工作任期更长的人来讲,其时薪比工作任期短的人离差大。相似地,那些在上一年处于失业状态或退出劳动力市场更久的人比其他人有着更高的工资离差。

　　这个模型不仅指出了异方差性的重要来源,它还造成了自变量对 $E(Y)$ 的影响的显著性的差别。如同先前的设定,SEI 和 WKSNW 的 z 比率显示出了显著的影响。然而,这个异方差的设定也探寻到了之前设定中未探寻到的 TENURE 的显著影响。虽然 TENURE 的估计值在这三个模型中没有太大变化,但标准误已经降低得足以产生一个显著的结果。这里，TENURE 的 z 比率为 $0.025/0.012 =$ 2.083，这意味着那些工作任期长的人比工作任期短的人好像确实增加了更多的工资。这并非令人意外的结果，但对这个样本来讲，确实是被前面两个模型设定掩盖的结果。

第 4 节 | 沃德检验

有时利用前面描述的似然比检验同时估计两个模型显得十分不方便，一个是原假设模型，一个是备择假设模型。在这种情况下，以及其他情形下，沃德检验的应用就十分有用了。

假设我们有在等式 2.17 或等式 2.18 中的假设检验的情形，其中 $\boldsymbol{\beta}^* = [\beta_1, \cdots, \beta_j]'$。设 $\hat{V}(\hat{\boldsymbol{\beta}})$ 为等式 3.5、等式 3.6 或者等式 3.7 中描述过的协方差矩阵对全模型中 $\boldsymbol{\beta}$ 的全部队列元素的一个估计值。设 $\hat{V}(\hat{\boldsymbol{\beta}}^*)$ 为 $\hat{V}(\hat{\boldsymbol{\beta}})$ 的一个 $j \times j$ 子矩阵，对应 j 个要被检验的参数。在等式 2.17 或者等式 2.18 中所描述的原假设的前提下，沃德统计量 ω 可写为：

$$\omega = (\hat{\boldsymbol{\beta}}^*)'[\hat{V}(\hat{\boldsymbol{\beta}}^*)]^{-1}(\hat{\boldsymbol{\beta}}^*) \qquad [2.27]$$

它的分布为自由度为 j 的卡方分布。

例如，用沃德检验来检定之前使用似然比检验异方差性的一堆变量时给出的 ω 为 26.72。对于这个检验，需要稍微调整一下标注来适应先前部分 γ 的标注，$\hat{\boldsymbol{\gamma}}^* = [0.102,$

$0.346，-0.044，0.017]'$，并且

$$\hat{V}(\hat{\boldsymbol{\gamma}}^*) = \begin{bmatrix} 0.008\ 315 & 0.000\ 578 & 0.000\ 027 & 0.000\ 084 \\ 0.000\ 578 & 0.006\ 987 & 0.000\ 172 & 0.000\ 229 \\ 0.000\ 027 & 0.000\ 172 & 0.002\ 389 & 0.000\ 185 \\ 0.000\ 084 & 0.000\ 229 & 0.000\ 185 & 0.000\ 032 \end{bmatrix}$$

在自由度为 4 的情况下，这个沃德检定显示出在显著性水平为 0.05 时的一个显著结果。和使用似然比检验一样，这个检验也显示出了显著的异方差性的存在。

对于我们想要检验的 $\boldsymbol{\beta}^* = \boldsymbol{\beta}^0$，其中 $\boldsymbol{\beta}^0$ 为一个固定值的向量，更广义的沃德检验有如下的检验统计量：

$$\omega = (\hat{\boldsymbol{\beta}}^* - \boldsymbol{\beta}^0)'[\hat{V}(\hat{\boldsymbol{\beta}}^*)]^{-1}(\hat{\boldsymbol{\beta}}^* - \boldsymbol{\beta}^0) \qquad [2.28]$$

在 $\beta^* = \beta^0$ 的原假设条件下，ω 服从自由度为 j 的卡方分布。等式 2.27 实际上是等式 2.28 的一个更受限的形式，其中 $\boldsymbol{\beta}^0 = 0$。

第 5 节 | 最大似然模型的一个广义关联度量

虽然假设检验是整个建模过程中非常重要的一部分，测量在模型的结构关联函数中的外生固定因子或自变量与内生随机变量或因变量之间的关联也十分重要。在这个部分，我将描述对这些模型的一个广义关联度量。这个度量也给出了模型解释了的 Y 中的离散量，这与最小二乘回归分析中的 R^2 统计量有着相同的意义。

假设我们有一个感兴趣的随机变量，或者因变量，称之为 Y。进一步假设，现在对研究者来讲所有可用的信息是 Y 的概率密度函数或概率函数，并且没有假定连接 Y 与一组因子集合的结构模型。定义与这个边缘信息（marginal information）相关联的分布为 f_y，这样 f_y 中参数的最大似然估计量只来源于数据 y。例如，在正态概率密度函数中的 μ 将会只依据 $\bar{y}$ 来被估计，其中 $\bar{y}$ 为 y 的样本平均值。

现在假设我们设定某个连接一组固定因子或自变量

X 的结构模型,与 Y 的概率密度函数或者概率函数中的一个、一些或全部参数。注意 X 必须包括每一个结构关联函数的一般常数项。定义这个基于 X 信息的 Y 的条件信息(conditional information)相关联的分布为 $f_{y.x}$,模型参数的最大似然估计量可以通过常用的方法找到。

对于一个有 $i=1$,…,N 个案例的样本,将案例 i 的边缘和条件信息分布的最大似然估计量分别记作 $\hat{f}_{y(i)}$,$\hat{f}_{y.x(i)}$。我们现在能够定义来源于香农(Shannon,1948)的熵度量和用于哈伯曼(Haberman,1982)的离散成分。这三个元素可以下列形式出现:

$$S(Y) = -\sum_{i=1}^{N} \log(\hat{f}_{y(i)}) \qquad [2.29]$$

$$S(X) = \sum_{i=1}^{N} \log\left(\frac{\hat{f}_{y.x(i)}}{\hat{f}_{y(i)}}\right) \qquad [2.30]$$

$$S(Y \mid X) = \sum_{i=1}^{N} \log(\hat{f}_{y.x(i)}) \qquad [2.31]$$

其中 $S(Y)$ 是 Y 中全部基于熵的离散,$S(X)$ 是基于熵的被结构模型解释了的离散,而 $S(Y \mid X)$ 则是给定 X 下基于熵的 Y 中的离散,或是误差离散。当一般常数项是结构模型的一部分时,可以证明总离散是由于结构模型产生的离散加上误差离散的总和。因此,$S(Y) = S(X) + S(Y \mid X)$。

一个赋范的关联度量的来源与最小二乘回归模型中 R^2 相似。使 R 表示在 Y 和 X 之间基于熵的关联度量:

$$R = 1 - \frac{S(Y \mid X)}{S(Y)} = \frac{S(X)}{S(Y)} \qquad [2.32]$$

R 的取值范围为 $0 \leqslant R \leqslant 1$。当 $R = 0$ 时，Y 独立于 X。当 $R = 1$ 时，Y 和 X 有一个完美的相关。一般来说，R 可以解释如下：基于一个 f_y 的设定，R 给出了由结构关联函数解释的 Y 中总熵中的比例。

使用 R 来检验 Y 和 X 间的关联是否存在是可行的。在给定概率密度函数/概率函数和关联函数设定的前提下，让 ρ 作为总体中随机变量 Y 和固定因子 X 的关联。为了检验原假设 $\rho = 0$ 为真而 $\rho \neq 0$ 的备择假设为假，我们有检验统计量 $2S(X)$，它在原假设为真的情况下，是一个符合卡方分布的随机变量，其自由度等于在连接 Y 与 X 的结构模型中被估的不冗余参数数量减去在 f_y 里概率密度函数/概率函数参数的数量。如果我们拒绝了 $2S(X)$ 符合卡方分布，那么我们就有证据表明在总体中 Y 和 X 的关联不为 0。当然，这受限于概率密度函数/概率函数和关联函数的设定。这个检验和在大多数简化形式只包含常数项的模型中使用似然比检验一样。进一步而言，对嵌套在其他模型中的一些模型使用的似然比检验也是对 R 是否有显著减少的一个检验。这和最小二乘回归模型中的一般线性 F 检验是为了检验 R^2 值的显著减小是类似的。

关于这个关联度量的最后一点值得一提。鉴于边缘和条件信息分布背后的逻辑独立于概率密度函数或者概率函数的具体形式,我们可以使用这个关联度量来决定哪一个具体的概率密度函数或者概率函数能最好地描述随机变量 Y 以及它与 X 的关联。也就是说,鉴于一系列用来描述 Y 的备选概率密度函数(概率函数)和一组固定的因子 X,我们应该选择可以给出最大 R 值的概率密度函数(概率函数)。在给出最大 R 值的概率密度函数或概率函数中,X 中的那组因子能够更好地预测 Y 值,因为它能最大程度降低 Y 的不确定性。换言之,给定相同的 Y 和 X 因子集合,在一组备选概率密度函数(概率函数)中,给出最大 R 值的概率密度函数(概率函数)能最大化 Y 中被 X 解释的信息量。因此对于一个给定的 Y 和 X,基于熵的关联度量 R 变成了一个比较备选概率密度函数(概率函数)的重要工具。遗憾的是,至今没有检验统计量能正式决定哪一个概率密度函数或者概率函数是最好的。目前来说比较 R 的点估计值是唯一可用的方法。

回到我们之前的同方差和异方差正态概率密度函数模型的例子中,解释这些模型基于熵的关联度量非常有用。对于同方差正态概率密度函数模型(见表 2.1),$R = 0.052$。为了检定在总体中 Y 与 X 的关联性 ρ 是否显著地不同于 0,我们有 $2S(X) = 2 \times 37.452 = 74.904$,其分布在 $\rho = 0$ 的原假设前提下应该符合一个自由度为 3 的卡方分布的随机变量(该自由度等于模型估计的参数的数量 5 减去概率密度函数参数的数量 2)。很明显,由于检验统计量的这个值，我们支持 $\rho \neq 0$，拒绝 $\rho = 0$。因此我们可以得出这样一个结论：在该例中自变量集合和因变量间存在一个显著的关联。更准确地说，我们把 R 解释为 Y 被这个模型设定所解释的信息的比例或是熵。也就是说，这个 X 和 Y 之间的模型设定解释了 Y 中信息总量或是 Y 中熵的 5.2%。

鉴于同方差正态概率密度函数模型等价于用最小二乘法估计的正态误差回归模型，比较 R 值和使用最小二乘模型的一般 R^2 十分有用。通过 y 的样本方差为 0.342，$R^2 = 1 - (0.312/0.342) = 0.088$，这和上面计算的 R 值差不多。然而，我们要注意解释的区别。R^2 给出了 Y 中被 X 解释的方差数量。R^2 的解释依赖于 Y 的样本方差作为基础；然而 R 的解释则是依赖于由潜在概率密度函数产生的概率作为基础。因此对于一个给定的因变量和相同的自变量集合，不同的潜在概率密度函数，R 值会变化。我们一般可以利用这个事实来决定哪一个潜在概率密度函数获得的信息量最大，或者也可以这么说，哪一个潜在的概率密度函数使得因变量和自变量集合的关联度最大。

对于第二个异方差正态概率密度函数（见表 2.3），$R = 0.06$。在对这个模型检验 $\rho = 0$ 时，我们有 $2S(X) = 86.06$，且其自由度为 7，这是一个显著的结果。鉴于同方差设定是这个异方差设定的简化版本，我们可以检验 $\rho_F = \rho_R$ 的原假设，这里 ρ_F 和 ρ_R 分别是全模型（异方差）和简化模型（同

方差)的关联度。如上所述,这个检验和相应的对全模型
与简化模型的似然比检验完全一致。回想一下在那种情
况下我们发现异方差设定比同方差设定更好,因为它有一
个自由度为 4 的显著的检验统计值 11.195 4。从这点出发
我们可以拒绝 $\rho_F = \rho_R$ 的这个假设。因此我们可以得出如
下结论,当将简化模型的限制强加于此时,Y 中可归因于 X
的信息有显著的损失。

第 **3** 章

基本估计方法介绍

第1节 | 得分向量、海塞矩阵和最大似然估计量的抽样分布

正如上面所展示的，寻找最大似然估计量涉及寻找导数。在这一章中我将讨论这些导数在一个更广义方式中的角色。我首先讨论什么是通常所谓的得分（score）和得分向量（score vector），对数似然函数 $\lambda(\theta)$ 对 θ 的一阶导数向量。对于得分的讨论之后，我讨论了二阶导数的矩阵，通常它被称为海塞矩阵（Hessian matrix）。最后我给出了最大似然估计量的抽样分布。

得分向量 $S(\theta)$ 的定义是对 θ 求导的 $\lambda(\theta)$ 的一阶导数，可写作：

$$S(\theta) = \frac{\partial \lambda(\theta)}{\partial \theta} \qquad [3.1]$$

正如第1章中所示，为了找到最大似然估计量，设 $S(\theta)$ 等于0，解这个等式就得出了 θ 中的每一个元素。然而在某些情形中，$S(\theta)$ 的解析形式可能会相当复杂。甚至对于那些能找到解析导数的人来说，$\lambda(\theta)$ 也足够复杂的，因为在

一些混合分布中,以解析的方法寻找得分向量有时是很花时间的。很多时候一个闭式解析解(closed-form analytic solution),例如上面给出的当 Y 为(条件)正态分布时的 **β**,是没法被找到的,而必须使用数值近似(numerical approximation)。这既幸运也不幸。幸运的是,数值近似可以广泛地应用于对数似然,因此在寻找最大似然估计量时对特定对数似然的解析导数知识是不必要的。然而不幸的是,数值近似通常会导致估计值无法像用解析导数产生的估计值那样有效。进一步地,使用得分向量的数值近似通常需要花费更长的计算时间来找到一个解。一些更常见的寻找 S(**θ**) 的数值方法将会在下面迭代过程和更新方法的部分讨论。

如同我们在第 1 章中也见到的,二阶导数矩阵,即海塞矩阵,对于最大似然估计十分重要。第一,海塞矩阵在决定一个解是最大值还是最小值时十分必要。如果海塞矩阵在解的那个点是负定的,那么这个解就是最大值的组成部分。第二,从演绎的角度来看相当重要,海塞矩阵定义了参数估计值的协方差矩阵。

对参数向量 **θ** 来说,海塞矩阵 H(**θ**) 可以定义为:

$$H(\boldsymbol{\theta}) = \frac{\partial^2 \lambda(\boldsymbol{\theta})}{\partial \theta_i \partial \theta_j} \qquad [3.2]$$

在真正的最大值点, H(**θ**) 将会是有限负值。同时,协方差矩阵 V(**θ**) 将会是有限正值,并且可以描述为下列中的一种：

$$V(\boldsymbol{\theta}) = \{-E[H(\boldsymbol{\theta})]\}^{-1} \qquad [3.3]$$

$$V(\boldsymbol{\theta}) = \{E[S(\boldsymbol{\theta})S(\boldsymbol{\theta})']\}^{-1} \qquad [3.4]$$

此处 $-E[H(\boldsymbol{\theta})] = E[S(\boldsymbol{\theta})S(\boldsymbol{\theta})'] = I(\boldsymbol{\theta})$，即等式 1.25 的费舍信息矩阵。这反映出在最大值点，最大似然估计量的确是一个非常有效的，或者说如第 1 章中讨论的那样，具有最小方差的估计量。

$\boldsymbol{\theta}$ 的最大似然估计量的协方差矩阵 $V(\hat{\boldsymbol{\theta}})$ 可以通过使用等式 3.3 或等式 3.4 来获得。$V(\hat{\boldsymbol{\theta}})$ 的最大似然估计值 $\hat{V}(\hat{\boldsymbol{\theta}})$，可以写作：

$$\hat{V}(\hat{\boldsymbol{\theta}}) = [-H(\hat{\boldsymbol{\theta}})]^{-1} \qquad [3.5]$$

对一个有 $i = 1, \cdots, N$ 个独立抽样案例的样本来说，$V(\hat{\boldsymbol{\theta}})$ 的一致估计值 $\tilde{V}(\hat{\boldsymbol{\theta}})$ 可以借由下面的式子获得：

$$\hat{V}(\hat{\boldsymbol{\theta}}) = \Big[-\sum_{i=1}^{N} H_i(\hat{\boldsymbol{\theta}})\Big]^{-1} \qquad [3.6]$$

或者是

$$\tilde{V}(\hat{\boldsymbol{\theta}}) = \Big[\sum_{i=1}^{N} S_i(\hat{\boldsymbol{\theta}})S_i(\hat{\boldsymbol{\theta}})'\Big]^{-1} \qquad [3.7]$$

现在通过为一般最大似然估计量定义的协方差矩阵，我们可以给出最大似然估计量的渐近分布（asymptotic distribution）。让 $\hat{\theta}$ 作为 θ 的一个标量最大似然估计量，而 $\sqrt{V(\hat{\theta})}$ 则是 $\hat{\theta}$ 的渐近标准误。随着样本大小 N 增大至无

限,则可得出:

$$\frac{\hat{\theta} - \theta}{\sqrt{V(\hat{\theta})}} \xrightarrow{D} N(0, 1) \qquad [3.8]$$

也就是说,等式 3.8 中给出的比率在分布中收敛于一个标准单位正态分布。这是一个极其有力的结果,也是在第 2 章中讨论的 z 检验和其他推断检验的基础。无论在估计过程中使用哪种概率密度函数或者概率函数,也不论在模型中使用哪种关联函数的形式,$\hat{\theta}$ 在分布中收敛至一个平均数为 θ,有等式 3.3 和等式 3.4 给出的方差的正态随机变量。至于能够得到最大似然估计量的渐近分布的各种方法,参看克拉默(Cramer, 1986),雨宫健(Amemiya, 1985),金(King, 1989),以及斯图尔特和奥德(Stuart & Ord, 1991)。

第 2 节 │ 迭代过程和更新方法

有时寻找最大似然估计量需要涉及迭代过程。与正态误差线性模型的最大似然和最小二乘估计不同，通常我们很难得到一个闭式解。然而，如果能够找到一个闭式解，那么就不必使用迭代或者更新方法了。另一方面，如果找不到一个闭式解，那迭代过程就十分必要了。

为了讨论迭代过程，想象一幅如图 1.6 中给出的对数似然面可能会有帮助。在一个迭代过程中，目的是沿着对数似然面有效率地移动，离峰值越来越近。想象这个过程可以采用三步法。第一，想象你开始时离对数似然面的最大值有一段距离。你在面上的起始点可以由一组相应坐标给定。这些坐标反过来也代表了你想要估计的参数向量的一组起始值。第二，从你的起始坐标开始，你需要使你接近峰值的某个方法。这个更新步骤对应着将向量向靠近最大似然解移动。最后，你需要某个方法来检验是否到达了峰值，或者说最大似然解。这对应着检验新的坐标集合，或估计值，来评估是否达到了最大值。如果你判断已经达到了最大值,那么可以停止搜索并且使用这组估计值作为最大似然解。另一方面,如果你觉得还没达到峰值,那么还要继续重复第二和第三步,直到找到一个解。下面我们详细讨论这个过程。

获取初始值

一个好的初始值集合对于整个迭代过程都至关重要,特别是对于复杂的模型而言。当其他条件都一样,从倾向于朝向最大值的基础开始时,会比那些离这个基础有一定距离的地方开始更快地找到一个解。如果我们可以不太费力地找到某个让我们接近最大似然解的估计值,那么这个值应该用来产生初始值。有时最小二乘估计量对一些模型来讲是一致的。即使最小二乘估计量不一致,通常它们也是要比一个零向量更好的初始值。例如,如果我们假设一个异方差误差结构的正态概率密度函数模型,那么最小二乘估计值就是一个很好的初始值。如果我们想要在伽马概率密度函数中模拟 μ,使用 $\log(Y)$ 的最小二乘估计值可以产生不错的初始值。虽然没有进行详细讨论,但这些会应用到第 4 章的例子里。参见第 4 章附件中计算模型初始值的高斯代码。

遗憾的是,有时我们不知道好的初始值集合可能是什么。在这种情况下,我们或许会有先验信息引导我们相信最大似然解看起来应该像什么样子。这种先验信息可以来源于当前进行的研究之前的类似研究，或者一些理论可能有助于引导我们获得一个正确的初始值集合。如果我们有这样的先验信息，它应该被用来构建初始值集合。

然而，我们经常没有这些信息。这种情况下，我们会采取以下做法之一。第一，考虑模型中变量的范围和真实参数的假定范围，我们可以随机地选取一组初始值。另外，我们可以选择从一个零阵列（array）开始，但这只是最后手段。多数时候这会让迭代过程进展迅速；但是，也许迭代好多次之后才会有一个解。

更新步骤和对解进行检验

一旦获得初始值，我们必须决定如何向最大似然解靠近。这个过程通常被称为更新步骤。虽然关于各式更新方法的深入探讨超出了本书的范围，我还是会叙述一下在迭代过程中更新 θ 值的一般方法。克拉默（Cramer，1986）、提斯特德（Thisted，1988）和格林（Greene，1993）对更新方法提供了精彩探讨。

如果我们能足够幸运地同时获得解析一阶和二阶导数，那么我们可以使用牛顿—拉弗森算法（Newton-Raphson algorithm），它也被称为二次登山法（quadratic hill climbing）。给定一组 θ 的初始值，例如 θ_0，我们朝最大似

然解前进一步,写作:

$$\boldsymbol{\theta}_1 = \boldsymbol{\theta}_0 - s_0 [H(\boldsymbol{\theta}_0)^{-1} S(\boldsymbol{\theta}_0)] \qquad [3.9]$$

此处 s_0 是步长,$H(\boldsymbol{\theta}_0)$ 为等式 3.2 中给出的海塞矩阵,$S(\boldsymbol{\theta}_0)$ 是等式 3.1 中给出的得分向量,而 $\boldsymbol{\theta}_1$ 则是参数值的更新向量。

　　一般而言,对于迭代 j 来说,我们可以通过下面的式子来获取迭代 $j+1$ 的参数值的更新向量:

$$\boldsymbol{\theta}_{j+1} = \boldsymbol{\theta}_j - s_j [H(\boldsymbol{\theta}_j)^{-1} S(\boldsymbol{\theta}_j)] \qquad [3.10]$$

当对于参数向量 $\boldsymbol{\theta}$ 中的所有 p 个元素来说,我们有 $\max |\theta_{k,j+1} - \theta_{kj}| < \delta_1$,$\lambda_{j+1} - \lambda_j < \delta_2$,$S(\theta_{k,j+1}) < \delta_3$,或者这三个条件的任意组合时,我们可找到最大似然解。此处的 λ 代表等式 1.7 中给出的对数似然函数的值。同样,δ_1、δ_2 和 δ_3 则是被称为耐受水平(tolerance level)的小值,通常设为小于 0.01,但这些值应该基于模型的表现。遗憾的是,只有当这些模型使用相似数据得到估计进行比较后才能得知模型的这些表现。因此,大多数分析倾向于将耐受水平设为 0.01 左右或者更低。耐受水平越低,估计值(关于协方差矩阵)结果越准确,越有可能获得真实的解。为了向一个解靠近,我们可以调整 s_j,$H(\boldsymbol{\theta}_j)$,$S(\boldsymbol{\theta}_j)$ 或者每个迭代上这些值的任何组合及近似。

　　作为规则,我们应该选择一个步长,使得在迭代 $j+1$ 中 $\lambda(\boldsymbol{\theta})$ 是在迭代 $j+1$ 中所有可能的 $\lambda(\boldsymbol{\theta})$ 的一个最大值。

大多数算法默认 s_j 的一个值为 1。除了这个简单的设定,在每一个迭代中还有调整步长的各种方法。这里值得一提的一个常见的方法是后退法(backstep method),即从 s_j 的一些给定值开始(多数情形为 1),计算在使用该值迭代到 $j+1$ 时的 $\lambda(\boldsymbol{\theta})$。如果在迭代 $j+1$ 时,$\lambda(\boldsymbol{\theta})$ 不比在迭代 j 时大,那么会使用一些近似值来调整步长,并且 s_j 的另外一个值被用来重新计算在迭代 $j+1$ 时的一个新 $\lambda(\boldsymbol{\theta})$。这一步要么直到迭代到 $j+1$ 时 $\lambda(\boldsymbol{\theta})$ 是前一步迭代 j 的 $\lambda(\boldsymbol{\theta})$ 的改进量,或者直到我们判断这次迭代不可能改善前一步迭代的结果时才能完成。参见丹尼斯和施纳贝尔(Dennis & Schnabel, 1983)以及贝恩特等人(Berndt, Hall, Hall & Hausman, 1974)对于此法和其他调整步长的方法的详细论述。

对于大多数更新算法而言,我们必须将等式 3.10 中的 $H(\boldsymbol{\theta}_j)$ 替换成源自等式 3.3 或等式 3.4 的一个估计值。通过等式 3.3,我们可以通过下式朝着解的方向移动:

$$\boldsymbol{\theta}_{j+1} = \boldsymbol{\theta}_j - s_j \{ \mathrm{E}[\mathrm{H}(\boldsymbol{\theta}_j)]^{-1} \mathrm{S}(\boldsymbol{\theta}_j) \} \qquad [3.11]$$

使用等式 3.4,我们可以通过下式朝着解的方向移动:

$$\boldsymbol{\theta}_{j+1} = \boldsymbol{\theta}_j - s_j \{ \mathrm{E}[\mathrm{S}(\boldsymbol{\theta}_j) \mathrm{S}(\boldsymbol{\theta}_j)']^{-1} \mathrm{S}(\boldsymbol{\theta}_j) \} \qquad [3.12]$$

因为等式 3.12 只涉及了得分向量,使用等式 3.12 来寻找一个解通常被称为得分法(the method of scoring)(Fisher, 1950)。

通常我们没有那么幸运找到解析导数，为了靠近一个解，必须使用 H(θ) 和/或 S(θ) 的数值逼近。在各种各样可用的数值逼近中，有三个是在最大似然估计中尤其值得注意的。一个非常有用的方法是源于等式 3.12 的得分算法的一个修正。这个得分法的修正方法由贝恩特、霍尔、霍尔和豪斯曼（Berndt，Hall，Hall & Hausman，简称 BHHH，Berndt el al.，1974）提出，将一个数值逼近融合进得分向量中，使得无法写出一阶解析导数向量的研究者也可以使用得分法。BHHH 得分修正法在 θ_j 接近最大似然解时可以得到理想的结果。然而，当 θ_j 可以合理地被怀疑并非接近一个解时，BHHH 算法就没那么理想了，并且通常导致比下面将要叙述的两种更新方法使用更多次迭代。

用于更新 θ_j 值的两个非常有用的方法是通常被称为拟牛顿更新法（quasi-Newton updating methods）（Thisted，1988）的变化版本。布罗伊登、弗莱彻、戈德法布和香农（Broyden，Fletcher，Goldfarb & Shannon（简称 BFGS）以及戴维顿、弗莱彻和鲍威尔（Davidon，Fletcher & Powell，DFP）提供了当 θ_j 远离最大值时朝一个解走近的有用方法（Dennis & Schnabel，1983；Luenberger，1984）。这些方法不需要直接计算为了使得参数向量向一个解移动的二阶导数或一阶导数的交叉乘积矩阵（cross-product matrix）。当初始值离解很远的时候，这两种方法通常比 BHHH 算法效率更高。

下面介绍一些普遍的更新 $\boldsymbol{\theta}_j$ 值的经验法则。第一，当我们有一阶和二阶解析导数时，最好从头至尾应用等式 3.11 使用牛顿—拉弗森登山算法。当我们只有一阶解析导数时，最好从头至尾应用等式 3.12 使用得分算法。当我们既没有一阶导数也没有二阶导数时，那么最好使用 BFGS 或者 DFP 算法来接近解，然后再换成 BHHH 算法作为最后的算法。除了当接近解时以比较快的速度靠近解外，BHHH 算法还给出了一个同 BFGS 与 DFP 算法相关的参数协方差矩阵的一个高级逼近。BFGS 和 DFP 算法给在解处的协方差矩阵的近似十分糟糕，因为在这些算法中既没有应用二阶导数，也没有应用一阶导数的交叉乘积矩阵。由于一些模型为了要获得最大值所需的灵活性，如高斯代码这样允许使用者修改步长或者算法的程序在估计时十分有用。

虽然这些会被当做经验法则，但是找到最大似然解有时更像是艺术而非科学。如果一个模型不能收敛，部分迭代过程中的任何数字都是可疑的。导致这种结果的主要责任在于糟糕的初始值。测量模型中使用的自变量或因变量使得它们拥有相似的值域和离差，通常有助于模型更有效率地收敛。步长调整在确保算法平稳地朝向一个解移动的过程中也是十分关键的。最后，使用上面所提到的任何一种更新方法对迭代过程影响都会很大。

对于新估计的模型来说，或许最好的建议是记录对数似然函数一步步迭代的过程、得分向量在每一步迭代的值,以及参数向量在每一步迭代的表现。如果它们中的任何一个显示出奇怪的现象(例如,在每一步迭代时出现非常大或者非常小的绝对值,或者是从一步迭代到下一步时产生震荡信号),那么就会出现模型无法在合理次数的迭代中收敛以及模型和/或迭代过程不得不进行某种程度上的调整。

第 **4** 章

更多实证案例

　　下文中所有实证案例都是使用"全国青年追踪调查"截面样本数据（Center for Human Resource Research，1988）来估计的。使用的样本中包含了在 1979 年或 1980 年高中毕业或获得了的同等学位的人。模型中使用的数据主要来自 1987 年劳动力市场成就和职业，并且在每一个模型中都给出了更多的细节。由于对缺失值使用了成列删除法（listwise deletion），整个样本量随着模型而变化；然而，对于大多数模型来说，样本容量为 814。具体每个模型的样本容量会在相应的表格中给出。

第 1 节 | 伽马概率密度函数模型

一个伽马分布的随机变量仅能取正值。在社会科学中，由于很多诸如工资、地位、声望分值和大多数奖励结构等值得感兴趣的变量都是正值，这并非是一个缺点。伽马概率密度函数可以写作很多不同的形式，可包含一个或者更多概率密度函数参数。为了达到我们的目的，最有用的伽马概率密度函数形式包含两个参数，可写作：

$$f(y;\ \mu,\ \nu) = \left(\frac{1}{\Gamma(\nu)}\right)\left(\frac{\nu}{\mu}\right)^{\nu} y^{(\nu-1)} \exp\left(\frac{-\nu y}{\mu}\right) \quad [4.1]$$

$$0 \leqslant y < +\infty;\ 0 < \mu < +\infty;\ 0 < \nu < +\infty$$

其中 $E(Y) = \mu$（即 μ 控制着分布的中心位置），$V(Y) = \mu^2/\nu$（即 μ^2/ν 控制着分布的方差）。

给定一个包括 $i = 1, \cdots, N$ 个独立抽样案例的样本，伽马分布的对数似然函数可写作：

$$\ln\left(\prod_{i=1}^{N} f(y_i;\ \mu_i,\ \nu_i)\right)$$

$$= \sum_{i=1}^{N}\left\{-\ln[\Gamma(\nu_i)] + \nu_i \ln\left(\frac{\nu_i}{\mu_i}\right) + (\nu_i - 1)\ln(y_i) - \left(\frac{\nu_i y_i}{\mu_i}\right)\right\}$$

$$[4.2]$$

正如在正态概率密度函数模型中,我们给两个概率密度函数参数标注脚标 i 使其随着 i 变化而变化。附录给出了用来估计这个伽马概率密度函数模型的高斯代码。

伽马概率密度函数对取值为正数的随机变量十分有用。虽然这个分布在风险建模群体中十分流行,在事件史风格的方法领域之外变得流行起来还有待时日。这并非幸事,因为伽马分布是可以应用于其他社会过程/现象诸如地位成就或者市场奖励的。如我们已经在第 1 章中所见的(同时回想图 1.2 和图 1.3),伽马分布在容纳很多分布形状时足够灵活。再回忆一下为美国的工资或收入分布提供了一个合理的伽马分布近似。这显示出伽马概率密度函数模型在涉及工资收入获得或者类似分配奖励问题上,是非常合适的。参见 Greene(1993)的类似评论。

鉴于对伽马分布中 μ 和 ν 值域的限制,一般关联函数可以写成:

$$\mu_i = \exp\left(\beta_0 + \sum_{j=1}^{p} \beta_j x_{1ij}\right) \qquad [4.3]$$

$$\nu_i = \exp\left(\gamma_0 + \sum_{j=1}^{q} \gamma_j x_{2ij}\right) \qquad [4.4]$$

其中 β 和 γ 是模型参数,x_1 和 x_2 是两组(外生)自变量。虽然 x_1 和 x_2 可以包含完全相同的变量,但是它们不需要这样。正如在正态概率密度函数模型中,x 的两个集合可以包含有幂指数项(平方、立方或类似项)以及如同在一般

多元回归模型中的交互项。伽马概率密度函数模型对应

$$E(Y_i) = \exp\left(\beta_0 + \sum_{j=1}^{p} \beta_j x_{1ij}\right) \qquad [4.5]$$

$$V(Y_i) = \exp\left(2\beta_0 - \gamma_0 + 2\sum_{j=1}^{p} \beta_j x_{1ij} - \sum_{j=1}^{q} \gamma_j x_{2ij}\right) \quad [4.6]$$

因此针对伽马分布中心位置(即对于 μ)的模型由等式 4.5
中的对数线性关联函数给出。进一步,β_j 可以如下解释:
对于 x_{1j} 每一个单位的变化,在 **Y** 期望值的自然对数中总
有一个 β_j 的变化。注意 x_{1j} 也影响 **Y** 的方差,以至于在 x_{1j}
中一个单位的变化导致了在 **Y** 方差的自然对数中 $2\beta_j$ 的变
化。因此对于伽马概率密度函数来说,在 x_1 中给出的自变
量集合会影响 **Y** 的平均值和方差。这和譬如同方差正态
概率密度函数模型是不同的,在同方差正态概率密度函数
模型中 x_1 给出的自变量集合只会影响 **Y** 分布的平均值。

常数变异系数模型

麦卡拉和内尔德(McCullagh & Nelder,1989)展示了
对于广义线性模型来说,当我们设定一个常数变异系数
(CV)时,伽马分布非常有用。这个设定可以通过只有一个
常数项的等式 4.4 的设定将伽马概率密度函数模型的一个
简化形式表达出来。具体如下:

$$\nu_i = \exp(\gamma_0) \qquad [4.7]$$

我们获得基于一个常数 CV 的 $E(Y)$ 的估计值。具体来讲,我们可以把 CV 写作:

$$\text{CV} = \frac{\sqrt{V(Y)}}{E(Y)} = \frac{\sqrt{[\exp(x_1\boldsymbol{\beta})]^2/\exp(\gamma_0)}}{\exp(x_1\boldsymbol{\beta})} = \exp(-0.5\gamma_0)$$

$$[4.8]$$

鉴于 CV 通常用于评估工资分布(或者更普遍而言用于在分布左侧被固定于 0 点的右偏分布)的离散程度,这个模型是一个基线模型,在这个基线模型上可以建立 CV 的变化来源。

为了用全国青年追踪调查样本估计上面讨论的伽马概率密度函数模型,让 y_i 代表个体 i 在 1987 年的时薪(和用于正态概率密度函数模型的自然对数相对)。进一步地,设 x_1 的集合为 TENURE、SEI 以及 WKSNW,定义见前面提到的例子。

表 4.1　常数 CV 的伽马概率密度函数模型

$Y =$ 时薪		
$N = 814$		
对数似然 $= -3\,103.286$		
基于熵的离散分析		
$R = 0.582$		
来源	离散	检验统计
模型	4 328.321	卡方	8 656.642
误差	3 103.286	自由度	3
总体	7 431.607	p 值	0.000

（续表）

参数	估计值	标准误	z 比率
μ 的关联函数			
常数项(β_0)	0.743	0.214	3.472
TENURE(β_1)	0.141	0.033	4.273
SEI(β_2)	0.031	0.001	31.000
WKSNW(β_3)	-0.014	0.006	-2.333
ν 的关联函数			
常数项(γ_0)	-0.195	0.060	-3.250

表 4.1 给出了对常数 CV 模型的最大似然估计的结果。比率 z 显示出 TENURE、SEI 和 WKSNW 都在显著性水平 0.05 上对工资有显著影响。具体而言，工作上每个额外的 10 周导致一个在基准时薪上 $\exp(0.141)=1.151$ 乘积式增长，或者是基准时薪大约 115％ 倍的增长。相似地，在邓肯 SEI 测量中每一个单位的增加会导致基准时薪的一个 $\exp(0.031)=1.031$ 的乘积式增长，或者是基准时薪增长大约 103％ 倍。还有，1986 年每个额外的非工作周导致一个在基准时薪上 $\exp(-0.014)=0.986$ 的乘积式增长，或者基准时薪增长大约 99％ 倍。最终，为了决定常数 CV，我们简单地取 $\exp[(-0.5)\times(-0.195)]=1.102$。

基于熵的关联度量值 R 也可以通过这个伽马概率密度函数模型的设定来计算。为了达到这个目的，我们取 $R = 4\,328.321/7\,431.591 = 0.582$。对这个值的解释如下：给定伽马概率密度函数，58.2％ 的基于熵的时薪总离差（或者是总信息）可以用这个模型来解释。为了检验这能否显示出一个显著的结果，我们取检验统计量 $2 \times 4\,328.32 = 8\,656.64$。在自由度为 3 的 0.05 显著性水平上，我们明显地有一个总体中因变量和自变量集合的显著关联。

变异系数中的变异性来源

对变异系数中的变异性来源进行建模涉及将等式 4.7 延伸到更为广义的等式 4.4。一个明显的一般化过程是简单地包含等式 4.4 的 x_2 中的 x_1 的所有变量。表 4.2 给出了对等式 4.3 和等式 4.4 右手边的 TENURE、SEI 和 WKSNW 的建模结果，其中 y_i 仍然为时薪。为了首先检验在等式 4.4 中包括的 TENURE、SEI 和 WKSNW 会对模型显著的假设，我们可以使用似然比检验。原假设为 $H_0 : \gamma_1 = \gamma_2 = \gamma_3 = 0$，备择假设为至少一个 $\gamma_j (j = 1, 2, 3)$ 不为 0。通常来说，用似然比检验来检验原假设，我们取 $2(3\,103.286 - 2\,907.594) = 391.384$，它在原假设成立的前提下呈自由度为 3 的一个卡方分布的随机变量。明显地，我们拒绝了 H_0 而支持备择假设。

似然比率检验也是对在基于熵的关联度量 R 中显著变化的一个检验。对于非常数变异系数模型来说，$R = 0.609$，与上面例子中估计的常数变异系数模型的 R 值有了一个显著的增长。因此我们必然会得出这样一个结论：

在变异系数中存在显著的变异性来源，并且这个模型包含显著的时薪和自变量集合 TENURE、SEI 和 WKSNW 相关联，无法由常数变异系数模型来解释。

一系列影响工资期望值的因子仍然同在常数变异系数模型中一样，并且导致与上面给出的相似的解释。为了阐述变异系数变异性的来源，我们必须使用等式 4.8 的一般化形式：

表 4.2　变异系数不为常量的伽马概率密度函数模型

$$Y = 时薪$$
$$N = 814$$
$$对数似然 = -2\,907.594$$

基于熵的离散分析

$$R = 0.609$$

来源	离散	检验统计	
模型	4 524.013	chi-square	9 048.026
误差	2 907.594	df	6
总体	7 431.607	p value	0.000

参数	估计值	标准误	z 比率
μ 的关联函数			
常数项(β_0)	1.153	0.076	15.171
TENURE(β_1)	0.120	0.015	8.000
SEI(β_2)	0.022	0.002	11.000
WKSNW(β_3)	-0.007	0.002	-3.500
ν 的关联函数			
常数项(γ_0)	2.879	0.185	15.562
TENURE(γ_1)	0.239	0.029	8.241
SEI(γ_2)	-0.033	0.002	-16.500
WKSNW(γ_3)	-0.005	0.005	-1.000

$$\mathrm{CV}_i = \exp\left[-0.5\left(\gamma_0 + \sum_{j=1}^{q} \gamma_j x_{2ij}\right)\right] \qquad [4.9]$$

由于-0.5因子，γ的标识显示出在变异系数中相应的一个相反的改变，因此通过在显著水平0.05上的z比率给出了 TENURE 和 SEI 显著的结果（分别为-8.241和-16.500），随着它们的值的增加，变异系数也会增加。具体地，对于每十个额外的工作周，变异系数会增加一个$\exp[(-0.5)\times(-0.239)] = 1.127$的因子。对于在邓肯 SEI 每个单位的增加，变异系数也会增加$\exp[(-0.5)\times(-0.033)] = 1.017$的一个因子。因为对 WKSNW 的$z$比率（$-1.000$）没有显示结果显著，我们必须得出这样的结论，即没有证据显示，与 WKSNW 相关的参数γ_3不等于0。

第 2 节 ｜ 多项式概率函数模型

多项式分布函数是对一个离散随机变量最有用的分布之一。这个分布对定类内生随机变量是适用的，也是对分类数据建模最为常见的分布之一。参见 Bishop, Fienberg & Holland（1975），Fienberg（1977），Goodman（1978），Haberman（1978a，1978b），Amemiya（1985），Clogg & Shockey(1988)，Agresti(1990)，以及 Sobel(1993b) 对下面将要提及的模型的详尽和各种各样的处理。对于一个有 j 个总类别的离散因变量 Y 而言，乘积多项式概率函数有 $J-1$ 个非冗余概率函数参数来估计，可写作：

$$F(y; p_j) = \left(\frac{N!}{\prod\limits_{j=1}^{J} n_j!} \right) \left(\prod_{j=1}^{J-1} p_j^{n_j} \right) \left(1 - \sum_{j=1}^{J-1} p_j \right)^{N - \sum\limits_{j=1}^{J-1} n_j}$$

$$0 < p_j < 1,\ n_j > 0,\ N = \sum_{j=1}^{J} n_j$$

$$[4.10]$$

此处 $p_j = P(Y = j)$，n_j 是 Y 的类别 j 中找到的案例数，

N 为总样本量。对多项式概率函数而言，$E(Y_j) = Np_j$，$V(Y_j) = Np_j(1 - p_j)$。

使用在类别 j 中有 $i = 1, \cdots, n_j$ 个案例的一个样本，其对多项式分布的对数似然可以写作：

$$\ln\left(\prod_{i=1}^{N} F(y; p_j)\right) = \sum_{i=1}^{N} \sum_{j=1}^{J-1} D_{ij} \log(p_{ij})$$
$$+ \sum_{i=1}^{N} \left(1 - \sum_{j=1}^{J-1} D_{ij}\right) \log\left(1 - \sum_{j=1}^{J-1} p_{ij}\right)$$

[4.11]

此处如果案例 i 是 Y 的类别 j 中的一个成员，那么 $p_{ij} = P(D_{ij} = 1)$，D_{ij} 是 $J - 1$ 个编码为 1 的指示变量的集合，否则对于 $j = 1, \cdots, J - 1$ 编码为 0。注意等式 4.10 中阶乘项并没有在对数似然中出现，因为它不包括概率函数参数 p_j，因此与估计无关。附录给出了利用下面即将要描述的关联函数的高斯代码来估计多项式概率函数。

在允许值域 $(0, 1)$ 之内，给出 p_{ij} 估计的最有用的关系函数之一是 logit 关系函数，可写作：

$$p_{ij} = \frac{\exp\left(\beta_{j0} + \sum_{k=1}^{p} \beta_{jk} x_{ik}\right)}{1 + \sum_{s=1}^{J-1} \exp\left(\beta_{s0} + \sum_{k=1}^{p} \beta_{sk} x_{ik}\right)} \quad j = 1, \cdots, J - 1$$

[4.12]

和

$$p_{iJ} = \frac{1}{1 + \sum_{s=1}^{J-1} \exp(\beta_{s0} + \sum_{k=1}^{p} \beta_{sk} x_{ik})} \quad j = J \quad [4.13]$$

其中 x_{ik} 是一组 p 个外生变量，用于影响 p_{ij}，而 β_{ij} 则是和 Y 的类别 j 以及 x_{ik} 相关的模型参数。这个设定等价于 Agresti(1990)所讨论的广义 logit 模型。

值得注意的是，虽然有 logit 关联函数的多项式分布很可能是用于分类数据建模最为常见的分布之一，但它决非唯一一个。我们也可以设定带有 logit 关联函数的泊松分布(Poisson distribution)——一个常见的候选者。或者是只要满足 p_j 的值域，我们也可以指定其他关联函数。参见上面所提到的对替代设定的论述。

为了使用与上面用的全国青年追踪调查相同的子集来估计这个模型，用 D_j 代表一组职业，使得 D_1 表示白领职业，D_2 表示蓝领或农耕职业，D_3 则是服务职业，D_4 表示那些没有职业的情况。将 D_4 也包括进来是为了穷尽所有的情况，这是 β 要成为一致且有效估计量的重要要求。x_k 的集合表示受访者完成的受教育年限(RED)、受访者父亲完成的受教育年限(FED)、表示从事白领职业的父亲的指标(FWC)和表示从事蓝领职业的父亲指标(FBCF)。

因为存在 $J-1$ 个对每个 x_k 的估计的集合，我们应该使用一些程序来调整这个例子中当 $J>2$ 时出现的联立推

导（simultaneous inference）问题。之前讨论过的沃德检验
对于首先确定与一个给定自变量相关的估计值是否联合
显著（jointly significant）是非常有用的。如果沃德检验显
示出一个显著的结果，那么我们用一般的 z 检验来检验每
一个估计值的个别显著性（individual significance）。注意
我们也可以通过每一次只去除一个自变量的似然比检验
来代替沃德检验，并且估计 p 个简化模型（reduced
model），每个自变量一个。然而，鉴于必须估计 p 个不同
的模型，这个方法有些繁琐。另一方面，包含所有 p 个自
变量的全模型中可以执行沃德检验，因此更为方便。

表 4.3　多项式概率函数模型的熵测量和沃德检验

Y = 职业组[a]		
N = 928		
对数似然 = $-1\,036.074$		
基于熵的离散分析		
R = 0.079		
来源	离散	检验统计
模型	88.333	卡方　176.666
误差	1 036.074	自由度　12
总体	1 124.407	p 值　0.000
对自变量的沃德检验		
变量	沃德统计量	p 值
RED	90.645	0.000
FED	0.533	0.912
FWC	3.290	0.349
FBCF	1.216	0.749

注：a.参正文。

表 4.3 给出了该模型基于熵的关联测量 R，以及相应的沃德检验。$R=0.079$ 显示出在职业分类向量中可用的大约总熵或者总信息中的 8％ 被 RED、FED、FWC 和 FBCF 解释了。为了检验这是否是一个显著的结果，我们取自由度为 12，$2 \times 88.333 = 176.666$。 在 0.05 的显著性水平上，我们清楚地发现一个显著的结果。因此我们得到一个 Y 与总体中的自变量集合的显著的关联。

沃德统计量显示只有 RED 对属于职业类别中的一个的概率有显著的影响。鉴于在目前这个阶段只有 RED 是显著的，因此我们使用 z 比率来检验 FED、FWC 和 FBCF 是不恰当的。多重推断（multiple inference）会抬高不正确地拒绝原假设的真正的概率，上述做法会破坏这一过程中对抗抬高概率问题的保护伞。因此我们只研究与 RED 相关联的 z 比率。

表 4.4 给出了对 β 集合的估计值。对这个模型的参数估计值是指一个自变量对在关联分类之中相对在第 J 个分类（有时也被叫作参照分类）之中对数胜算（log-odds）的影响（例如参见 Agresti，1990）。RED 的影响对从事白领职业者相对无职业者的胜算是显著的，其 z 比率为 6.000。要特别指出的是，RED 中每一年的增长带来了一个在为白领职业相对为无职业的对数胜算中 $\hat{\beta}_{11} = 0.348$ 的增长。相似地，RED 的影响对从事蓝领/农耕职业相对从事无职业的胜算也是显著的，其 z 比率为 -2.866。因此在 RED 中

每一年的增加会带来从事蓝领/农耕职业相对无职业的对数胜算中 $\hat{\beta}_{21} = -0.235$ 的减少。最后,因为 RED 对从事服务职业的影响的 z 比率不显著,我们可以得出 RED 对相应的对数胜算没有显著影响。对这些和其他模型参数的转换在这里就不讨论了,因为模型参数函数的解释已经有很多讨论了(例如,参见 Alba,1988;Long,1984,1987)。

表 4.4　多项式概率函数模型的参数估计

参　数	估计值	标准误	z 比率
白领的关联函数			
常数项(β_{10})	−4.136	0.844	−4.901
RED(β_{11})	0.348	0.057	6.105
FED(β_{12})	0.007	0.033	0.212
FWC(β_{13})	0.504	0.429	1.175
FBCF(β_{14})	−0.060	0.407	−0.147
蓝领/农业工作者的关联函数			
常数项(β_{20})	3.132	1.116	2.807
RED(β_{21})	−0.235	0.082	−2.866
FED(β_{22})	−0.015	0.037	−0.405
FWC(β_{23})	0.141	0.480	0.294
FBCF(β_{24})	−0.028	0.447	−0.063
服务业工作者的关联函数			
常数项(β_{30})	−0.936	1.245	−0.752
RED(β_{31})	0.027	0.090	0.300
FED(β_{32})	0.012	0.049	0.245
FWC(β_{33})	−0.355	0.557	−0.637
FBCF(β_{34})	−0.513	0.514	−0.998

第 3 节 │ 双变量正态概率密度函数模型

当我们有两个存在交互影响的内生/因变量时,双变量正态概率密度函数模型便显得十分有用。该模型有五个参数,可写作:

$$f(y_1,\ y_2;\ \mu_1,\ \mu_2,\ \sigma_1,\ \sigma_2,\ \rho)$$

$$=\frac{1}{\sqrt{2\pi\sigma_1\sigma_2(1-\rho^2)}}\exp\left\{-\frac{1}{2(1-\rho^2)}\left[\left(\frac{y_1-\mu_1}{\sigma_1}\right)^2\right.\right.$$

$$\left.\left.-\rho\left(\frac{y_1-\mu_1}{\sigma_1}\right)\left(\frac{y_2-\mu_2}{\sigma_2}\right)+\left(\frac{y_2-\mu_2}{\sigma_2}\right)^2\right]\right\}$$

$$-\infty<y_1<+\infty,\ -\infty<y_2<+\infty,$$

$$-\infty<\mu_1<+\infty,\ -\infty<\mu_2<+\infty,$$

$$0<\sigma_1<+\infty,\ 0<\sigma_2<+\infty,\ -1<\rho<1$$

$$[4.14]$$

其中 y_1 和 y_2 是两个我们感兴趣的内生随机变量,$E(Y_1)=\mu_1$,$E(Y_2)=\mu_2$,$V(Y_1)=\sigma_1^2$,$V(Y_2)=\sigma_2^2$,$V(Y_1,\ Y_2)/\sqrt{V(Y_1)V(Y_2)}=\rho$,代表着 Y_1 和 Y_2 的相关性。

鉴于我们的关注点一般集中在给定其中一个内生变量值的情况下另一个内生变量的期望值，因此我们关心的是鉴于另一个条件下一个变量的条件期望值。它们可以写作：

$$E(Y_1 \mid y_2) = \mu_1 - (\sigma_1/\sigma_2)\rho\mu_2 + (\sigma_1/\sigma_2)\rho y_2 \quad [4.15]$$

$$E(Y_2 \mid y_1) = \mu_2 - (\sigma_2/\sigma_1)\rho\mu_1 + (\sigma_2/\sigma_1)\rho y_1 \quad [4.16]$$

由于这些条件期望，$(\sigma_1/\sigma_2)\rho$ 可以被解释为，控制了包含在对 μ_1，μ_2，σ_1^2，σ_2^2 和 ρ 的关联函数中的外生因子之后，y_2 对 y_1 的影响。相似地，$(\sigma_2/\sigma_1)\rho$ 可以被解释为，控制了包含在对 μ_1，μ_2，σ_1^2，σ_2^2 和 ρ 的关联函数中的外生因子之后，y_1 对 y_2 的影响。

对一个带有 $i = 1, \cdots, N$ 个独立抽样事件的样本，其双变量正态分布的对数似然可写为：

$$\log\Big[\prod_{i=1}^{N} f(y_1, y_2; \mu_1, \mu_2, \sigma_1, \sigma_2, \rho)\Big]$$

$$= \sum_{i=1}^{N} \Big\{ -\frac{1}{2}\log[2\pi\sigma_{1i}\sigma_{2i}(1-\rho_i^2)] - \frac{1}{2(1-\rho^2)}\Big[\Big(\frac{y_{1i} - \mu_{1i}}{\sigma_{1i}}\Big)^2$$

$$- \rho_i\Big(\frac{y_{1i} - \mu_{1i}}{\sigma_{1i}}\Big)\Big(\frac{y_{2i} - \mu_{2i}}{\sigma_{2i}}\Big) + \Big(\frac{y_{2i} - \mu_{2i}}{\sigma_{2i}}\Big)^2\Big]\Big\}$$

$$[4.17]$$

附录中给出了用来估计双变量正态概率密度函数模型的高斯代码。

对 μ_1，μ_2，σ_1^2 和 σ_2^2 的恰当的关联函数与之前所提到的那些对单变量正态分布的相同。然而 ρ 的关联函数必须确保

$-1 < \rho < 1$。因此下面的关联函数集适用于双变量正态：

$$\mu_{ki} = \beta_{k0} + \sum_{j=1}^{p_i} \beta_{kj} x_{kij}, \quad k = 1, \, 2 \qquad [4.18]$$

$$\sigma_{ki}^2 = \exp\left(\gamma_{k0} + \sum_{j=1}^{q_i} \gamma_{kj} \omega_{kij}\right), \quad k = 1, \, 2 \qquad [4.19]$$

$$\rho_i = \frac{\exp\left(\delta_0 + \sum\limits_{j=1}^{r} \delta_j z_{ij}\right) - 1}{\exp\left(\delta_0 + \sum\limits_{j=1}^{r} \delta_j z_{ij}\right) + 1} \qquad [4.20]$$

此处 x_{kij} 是外生因子的两个集合，它们影响着 $E(Y_k)$，$k = 1$，2，而 β_{kj} 是模型参数。相似地，ω_{kij} 也是外生因子的集合，它们影响着 $V(Y_k)$，$k = 1$，2，而 γ_{kj} 是模型参数。最后，z_{ij} 是外生因子的一个集合，影响着 Y_1 与 Y_2 的相关性，而 δ_j 是模型参数的一个集合。注意，Y_k 并不因为识别目的而被包含在 x_{kij}，ω_{kij} 或者 z_{ij} 中。

我们通过等式 4.15 和等式 4.16 来获得 Y_k 相互的影响。其关联函数为：

$$E(Y_k) = \beta_{k0} + \sum_{j=1}^{p_k} \beta_{kj} x_{kij}, \quad k = 1, \, 2 \qquad [4.21]$$

$$E(Y_1 \mid y_2) = \beta_{10} + \sum_{j=1}^{p_1} \beta_{1j} x_{1ij} + \left(\frac{\sigma_{1i}}{\sigma_{2i}} \rho_i\right) y_{2i}$$
$$- \left(\frac{\sigma_{1i}}{\sigma_{2i}} \rho_i\right) \beta_{20} - \left(\frac{\sigma_{1i}}{\sigma_{2i}} \rho_i\right) \sum_{j=1}^{p_2} \beta_{2i} x_{2ij}$$
$$[4.22]$$

$$E(Y_2 \mid y_1) = \beta_{20} + \sum_{j=1}^{p_2} \beta_{2j} x_{2ij} + \left(\frac{\sigma_{2i}}{\sigma_{1i}} \rho_i\right) y_{1i}$$

$$- \left(\frac{\sigma_{2i}}{\sigma_{1i}}\rho_i\right)\beta_{10} - \left(\frac{\sigma_{2i}}{\sigma_{1i}}\rho_i\right) \sum_{j=1}^{p_i} \beta_{1i}x_{1ij} \qquad [4.23]$$

其中方差与等式 4.19 相应，相关性与等式 4.20 相应。如果 x_1 中的一些外生因子也在 x_2 中，那么我们可以比较，比如，由等式 4.21 给出的 x_1 对 y_1 的边际效应（marginal effect）与等式 4.22 中给出的 x_1 基于 y_2 对 y_1 的条件效应（conditional effect）。特别需要说明的是，在 x_1 和 x_2 中同时找到的第 j 个变量对 y_1 的条件效应可写作：

$$\beta_{1j}^* = \beta_{1j} - (\sigma_1/\sigma_2)\rho\beta_{2j} \qquad [4.24]$$

相似地，在 x_1 和 x_2 中同时找到的第 j 个变量对 y_2 的条件效应可写作：

$$\beta_{2j}^* = \beta_{2j} - (\sigma_2/\sigma_1)\rho\beta_{1j} \qquad [4.25]$$

从等式 4.24 和等式 4.25 计算得出的条件效应与各自边际效应的比较中，我们可以断定，例如，将 y_2 包含进去对于 x_j 对 y_1 的效应有多大影响。换言之，β_{1j}^* 和 β_{1j} 的比较可以看出有或者没有 y_2 对 y_1 的影响对于 x_j 对 y_1 的影响。这对 y_2 的影响也一样，比较有或者没有 y_1 对 y_2 的影响的情况。在本书中没有可用的对此类比较的检验统计量，因此要注意 β_{1j}^* 和 β_{1j} 的区别一定要充分。[6] 然而，我们也能注意到随着 $|\rho|$ 增加，这个区别也会增加。当 $\rho = 0$ 时，我们找不到边际效应和条件效应的区别，因此 $\beta_{1j}^* = \beta_{1j}$，$\beta_{2j}^* = \beta_{2j}$。然而遗憾的是，如果 $\rho \neq 0$，那么我们无法推断 $\beta_{1j}^* \neq$

β_{1j} 和/或 $\beta^*_{2j} \neq \beta_{2j}$，因为 β_{1j} 和 β_{2j} 分别以和 ρ 类似的方式进入到等式 4.24 和等式 4.25 中了。

对于双变量正态模型，同样重要的是 Y_1 是否被 Y_2 影响，反之亦然。注意这个模型无法决定任何 Y_1 和 Y_2 间的因果关系；为了满足因果关系还需要一些其他条件的成立（例如，参见 Sobel，1993a）。然而，如果不存在实证相关，那么，对于一个特定的模型和数据集，我们可以暂时得到证据表明 Y_1 不能导致 Y_2，反之亦然。因此，关联检验很重要。

鉴于 $\sigma_1 > 0$，$\sigma_2 > 0$，检验 ρ 是否显著不等于 0 包括一个在控制了等式系统中的外部因子集合的条件下，Y_1 和 Y_2 是否相关的检验。由于等式 4.20 是 ρ 的关联函数，这个检验等价于检验 δ 的集合是否联合显著不为 0。这个检验可以通过上面讨论过的似然比率检验或者沃德检验来执行。

在常相关（constant correlation）的简单例子中，我们可以把等式 4.20 写作：

$$\rho_i = \frac{\exp(\delta_0) - 1}{\exp(\delta_0) + 1} \qquad [4.26]$$

因此对 $H_0 : \delta_0 = 0$ 的检验组成了对 Y_1 和 Y_2 间关联度的检验。在这个检验中，z 比率 $\hat{\delta}_0 / \text{ase}(\hat{\delta}_0)$ 服从 H_0 下的标准单位正态分布。如果检验得到一个不显著的结果，那么 Y_1 和 Y_2 在控制了外生因子集的条件下并不关联，因此对于 Y_1 和 Y_2 的外生效应也可由两个单变量正态概率密度函数模型来估计。另一方面，如果检验有显著的结果，那么使用单独的单变量正态概率密度函数模型对 Y_1 和 Y_2 的外生效应估计会产生对 β 和 γ 的不一致和无效的估计。

现在罕有对方差和相关性建模的同时也伴随着期望值的情况。目前基本上也很少有社会理论需要同时考虑等式 4.18、等式 4.19 和等式 4.20 的复杂模型。然而,当我们期待非常方差时,那么上面讨论的基于异方差正态模型的等式 4.19 的模型就是适用的。进一步,如果分析者怀疑有一个双变量的非常量相关的关系,那么加入影响相关性的外生因子应该被包括在等式 4.20 中。然而,对我们当前的例子而言,我们应该只检验一个外生因子只影响带有常方差和相关性的 $E(Y_k)$ 的简单模型。

上面用过的全国青年追踪调查数据的子集也用在这里的例子中。两个内生变量,Y_1 和 Y_2,分别是邓肯社会经济指数(SEI)和时薪的对数(LNPHW)。X 的集合对于两个等式是一样的(注意这点不是必要的),并且它是由上面描述过的 TENURE、RED 和 WKSNW 给定的。常方差和常相关都指定了。也就是说,只有 γ_0 和 δ_0 是估计的。

表 4.5 给出了对带有上面描述过外生因子的双变量正态概率密度函数模型的最大似然估计结果(边际效应)。由于对基于熵关联检验统计量为 $2 \times 122.795 = 245.59$,自由度为 6,我们得到了一个显著的关联 $R = 0.028$。鉴于外生因子的 z 比率,只有 RED 对 SEI 有显著的影响。另一方

面,所有三个外生因子都对 LNPHW 有显著的影响。因为解释与对 LNPHW 的正态概率密度函数模型的解释类似,关于 SEI 的解释也是显而易见的,我把这些留给读者。

表 4.5　双变量正态概率密度函数模型

$Y_1 =$ 邓肯 SEI 指数
$Y_2 =$ 时薪对数
$N = 814$
对数似然 $= -4\,256.784$

基于熵的离散分析

$R = 0.028$

来源	离散	检验统计	
模型	122.795	卡方	245.590
误差	4 256.784	自由度	6
总体	4 379.579	p 值	0.000

参　　数	估计值	标准误	z 比率
μ_1 的关联函数(SEI)			
常数项(β_{10})	-33.646	6.550	-5.137
TENURE(β_{11})	0.801	0.410	1.954
RED(β_{12})	5.473	0.444	12.327
WKSNW(β_{13})	0.020	0.078	0.256
μ_2 的关联函数(LNPHW)			
常数项(β_{20})	0.972	0.205	4.741
TENURE(β_{21})	0.035	0.014	2.500
RED(β_{22})	0.070	0.013	5.385
WKSNW(β_{23})	-0.010	0.003	-3.333
σ_1^2 的关联函数(SEI)			
常数项(γ_{10})	5.972	0.067	89.134
σ_2^2 的关联函数(LNPHW)			
CONSTANT(γ_{20})	-1.175	0.013	-90.385
ρ 的关联函数			
常数项(δ_0)	0.234	0.081	2.889

  由于对 $\hat{\delta}_0$ 的显著的 z 比率 $\hat{\delta}_0/\mathrm{ase}(\hat{\delta}_0) = 2.89$，从等式 4.26 中我们可以得出 $\rho \neq 0$ 的结论，并且 SEI 和 LNPHW 之间存在一个显著的正关联，$\hat{\rho} = 0.117$。 特别要说明的是，LNPHW 对 SEI 的影响为 $(\hat{\sigma}_1/\hat{\sigma}_2)\hat{\rho} = 4.168$，此处 SEI 等式的标准误为 $\hat{\sigma}_1 = 19.806$，LNPHW 等式的标准误为 $\hat{\sigma}_2 = 0.556$。 相似地，SEI 对 LNPHW 的影响为 $(\hat{\sigma}_2/\hat{\sigma}_1)\hat{\rho} = 0.003$。这些效应和在一般回归模型中的斜率一样可以被解释。

  因为 $\rho \neq 0$，比较外生因子的边际效应和等式 4.24、等式 4.25 的条件效应就十分有用了。 做这个比较至少存在两个基本理由，一个是统计上的，一个是实质性的。第一，边际效应和条件效应的区别显示出这个估计值与在两个单变量模型中的估计值的不一致程度。第二，决定一个外生因子对例如 y_1 的影响中有多少是取决于 y_2 是非常重要的。第二个理由并非不同于在传统方法分析中比较直接与间接效应的区别。

表 4.6 双变量正态概率密度函数模型的条件效应

参数	$Y_1 =$ 邓肯 SEI 指数 $Y_2 =$ 时薪对数	
	条件效应 对 SEI 的效应	对 LNPHW 的效应
TENURE	0.655	0.033
RED	5.181	0.054
WKSNW	0.062	-0.010
SEI	—	0.003
LNPHW	4.168	—

条件效应在表 4.6 中已经给出。由于包含了 LNPHW 对 SEI 的影响，RED 和 TENURE 边际效应被减少了，其条件估计值分别为 5.181 和 0.655。另一方面，由于包含了 LNPHW，WKSNW 对 SEI 的影响增加了，其条件估计值为 0.062。SEI 对 LNPHW 影响的加入增加了 RED 和 TENURE 的影响，其条件估计分别为 0.054 和 0.033，但是对 WKSNW 的效应没有影响。同样，进行这些对比应该十分小心，我们现在没有检验统计量来确认观测到的差别是否碰巧超过了预期。

第 **5** 章

其他似然

　　在第 1 章中我提供了两个额外的、读者或许会发现有用的模型———一个是截断正态分布（truncated normal distribu-tion），另一个是对数正态分布（log-normal distribution）。对于每一个模型我都提供了概率密度函数、对数似然以及概率密度函数参数合适的结构关联函数。对于使用本书中未涉及的概率密度函数或者概率函数的一个更为广泛的最大似然估计处理，或者是此处没有讨论到的模型的最大似然估计的使用，参见金（King，1989）、克拉默（Cramer，1986）、雨宫健（Amemiya，1985）、马达拉（Maddala，1983），以及其引用的研究。上述著作中讨论的未在本书中出现的最大似然法的例子包括一些离散数据模型、时间序列模型、时间持续模型和事件史模型、混合分布模型（例如，内生转换模型、样本选择模型、托比特类型模型），以及多元内生变量模型（例如，多变量正态模型）。

第 1 节 | 截断正态概率密度函数模型

截断正态对于因变量 Y 的取值范围在某种方式上被截断的案例而言，是合适的概率密度函数。大多数情况下，我们会遇到这样一种情况：取值范围在分布的底端、高端或者两端被截断。这些情况这里都会提到。对于截断正态分布的一个详尽的统计处理，参见 Schneider(1986)。对截断正态和相关分布的使用的一个详细讨论参见 Maddala(1983)和 Amemiya(1985)。

有时在研究中我们会遇到低于一些值 y_L 的 Y 取值范围的低位截断的情况。例如，我们希望在分析中只包含那些拥有高于 y_L 的收入、市场工资，或者其他奖励的个体。对于一个观察值 i 来说，概率密度函数是一个条件概率密度函数，$f(y_i \mid y_L \leqslant y_i)$，假设是服从正态分布的，可写作：

$$f(y_i \mid y_L \leqslant y_i) = \frac{\dfrac{1}{\sqrt{2\pi\sigma_i^2}} \exp\left[\dfrac{-(y_i - \mu_i)^2}{2\sigma_i^2}\right]}{\displaystyle\int_{y_L}^{+\infty} \dfrac{1}{\sqrt{2\pi\sigma_i^2}} \exp\left[\dfrac{-(t_i - \mu_i)^2}{2\sigma_i^2}\right] dt_i}$$

$$y_L \leqslant y < +\infty, \; -\infty < \mu < +\infty, \; 0 < \sigma^2 < +\infty$$

[5.1]

设 $\phi(.)$ 和 $\Phi(.)$ 为标准单位正态分布的概率密度函数和累积分布函数，等式 5.1 的对数似然可写作：

$$\lambda(\mu,\ \sigma^2) = \sum_{i=1}^{N} \log\left[\sigma_i^{-1}\phi\left(\frac{y_i - \mu_i}{\sigma_i}\right)\right]$$
$$- \sum_{i=1}^{N} \log\left[1 - \Phi\left(\frac{y_L - \mu_i}{\sigma_i}\right)\right] \qquad [5.2]$$

该模型的结构关联与那些正态概率密度函数模型的结构关联是相同的：

$$\mu_i = \beta_0 + \sum_{j=1}^{p}\beta_j x_{1ij} \qquad [5.3]$$

$$\sigma_i^2 = \exp\left(\gamma_0 + \sum_{j=1}^{q}\gamma_j x_{2ij}\right) \qquad [5.4]$$

此处 x_1 和 x_2 是固定外生因子，并且 β 和 γ 是模型参数。这些模型对应 $E(Y)$ 的一个模型，可写作：

$$E(Y_i) = \beta_0 + \sum_{j=1}^{p}\beta_j x_{1ij} + \sigma_i\left\{\frac{\phi\left[(y_L - \mu_i)/\sigma_i\right]}{1 - \Phi\left[(y_L - \mu_i)/\sigma_i\right]}\right\}$$
$$[5.5]$$

此处 μ_i 和 σ_i 由等式 5.3 和等式 5.4 分别给出。等式 5.5 中和 σ_i 关联的项可以被认为是截断的一个调整。该项对于 β 的估计有着重大的影响。如果我们确实观察到了截断，并且在等式 5.2 中没有使用对数似然函数，而是使用了正态概率密度函数，那么 β 将不会被一致且有效地估计。

其他时候我们或许会遇到超过一些值 y_U 的 Y 取值范围的高位截断。例如,对贫困的研究可能只包含那些低于特定收入水平 y_U 的个体。对于一个观察值 i 来说,高位截断概率密度函数也是一个条件概率密度函数,$f(y_i \mid y_U \geqslant y_i)$,并且假设是服从正态分布的,可写作:

$$f(y_i \mid y_U \geqslant y_i) = \frac{\dfrac{1}{\sqrt{2\pi\sigma_i^2}} \exp\left[\dfrac{-(y_i - \mu_i)^2}{2\sigma_i^2}\right]}{\displaystyle\int_{-\infty}^{y_U} \dfrac{1}{\sqrt{2\pi\sigma_i^2}} \exp\left[\dfrac{-(t_i - \mu_i)^2}{2\sigma_i^2}\right] \mathrm{d}t_i}$$

$$-\infty < y \leqslant y_U,\ -\infty < \mu < +\infty,\ 0 < \sigma^2 < +\infty$$

$$[5.6]$$

其相应的对数似然写为:

$$\lambda(\mu,\ \sigma^2) = \sum_{i=1}^{N} \log\left[\sigma_i^{-1} \phi\left(\frac{y_i - \mu_i}{\sigma_i}\right)\right]$$
$$- \sum_{i=1}^{N} \log\left[\Phi\left(\frac{y_U - \mu_i}{\sigma_i}\right)\right]$$

$$[5.7]$$

这个结构关联和等式 5.3 与等式 5.4 中给出的完全一样,其中 $E(Y)$ 中一个相应的模型可写作:

$$E(Y_i) = \beta_0 + \sum_{j=1}^{p} \beta_j x_{1ij} + \sigma_i \left\{\frac{\phi[(y_U - \mu_i)/\sigma_i]}{\Phi[(y_U - \mu_i)/\sigma_i]}\right\}$$

$$[5.8]$$

同样,等式 5.8 中的最后一项可被认为是对高位截断的一个调整。对等式 5.5 的评价也可应用于此。

　　最后，我们可能会同时遇到低位和高位截断。例如，在贫困研究中，我们也许会真的只观察那些低于 y_U 的情况。然而，一些收入成就理论也会表明收入水平为零的情况应该被当作一个截断点而非真正的下界（例如，Maddala，1983）。在这种情况下我们有双重截断，分别是根据具体研究决定的 y_U，以及 $y_L = 0$。一般而言，若 y_L 取一些值满足 $y_L < y_U$，这个条件概率密度函数可写作：

$$f(y_i \mid y_L \leqslant y_i \leqslant y_U) = \frac{\dfrac{1}{\sqrt{2\pi\sigma_i^2}}\exp\left[\dfrac{-(y_i - \mu_i)^2}{2\sigma_i^2}\right]}{\displaystyle\int_{y_L}^{y_U} \dfrac{1}{\sqrt{2\pi\sigma_i^2}}\exp\left[\dfrac{-(t_i - \mu_i)^2}{2\sigma_i^2}\right]\mathrm{d}t_i}$$

$$y_L \leqslant y_i \leqslant y_U, \; -\infty < \mu < +\infty, \; 0 < \sigma^2 < +\infty$$

$$[5.9]$$

这个双重截断概率密度函数有一个相应的对数似然，写作：

$$\lambda(\mu, \sigma^2) = \sum_{i=1}^{N} \log\left[\sigma_i^{-1}\phi\left(\frac{y_i - \mu_i}{\sigma_i}\right)\right]$$
$$- \sum_{i=1}^{N} \log\left[\Phi\left(\frac{y_U - \mu_i}{\sigma_i}\right) - \Phi\left(\frac{y_L - \mu_i}{\sigma_i}\right)\right]$$

$$[5.10]$$

同样，这个结构关联与等式 5.3 和等式 5.4 中给出的完全一样，其 $E(Y)$ 中相应的一个模型写作：

$$E(Y_i) = \beta_0 + \sum_{j=1}^{p} \beta_j X_{1ij} + \sigma_i \left\{ \frac{\phi[(y_L - \mu_i)/\sigma_i]}{1 - \Phi[(y_L - \mu_i)/\sigma_i]} \right.$$

$$\left. - \frac{\phi[(y_U - \mu_i)/\sigma_i]}{\Phi[(y_U - \mu_i)/\sigma_i]} \right\}$$

[5.11]

如上所述,等式 5.11 中的最后一项可视为对高位和低位截断的一个调整,对于等式 5.5 的评价也可应用于此。

第 2 节 │ **对数正态分布模型**

　　对数正态概率密度函数模型可以认为是伽马概率密度函数模型的一个替代。对于一些非零的正值随机变量 Y 而言，如果 $\log(Y)$ 在外生固定因子集合条件下被认为服从正态分布，那么对数正态概率密度函数模型是十分合适的。因此，对于譬如工资这样的市场奖励模型，研究者可能希望使用对数概率密度函数而非伽马概率密度函数，或者是使用 $\log(Y)$ 的正态概率密度函数。

　　对数正态的概率密度函数可写作：

$$f(y_i\,;\,\mu_i\,,\,\sigma_i^2) = \frac{1}{y_i\sqrt{2\pi\sigma_i^2}}\exp\left\{\frac{-\left[\log(y_i)-\mu_i\right]^2}{2\sigma_i^2}\right\}$$

$$-\infty < y_i < +\infty,\ -\infty < \mu < +\infty,\ 0 < \sigma^2 < +\infty$$

$$[5.12]$$

它相应的对数似然写作：

$$\lambda(\mu,\,\sigma^2) = \sum_{i=1}^{N}\left\{-\log(y_i)-\frac{1}{2}\log(2\pi\sigma_i^2)\right.$$

$$\left. -\frac{1}{2\sigma_i^2}\left[\log(y_i)-\mu_i\right]^2\right\}$$

$$[5.13]$$

正确的关联函数也完全等于那些正态概率密度函数模型
的关联函数：

$$\mu_i = \beta_0 + \sum_{j=1}^{p} \beta_j x_{1ij} \qquad [5.14]$$

$$\sigma_i^2 = \exp(\gamma_0 + \sum_{j=1}^{q} \gamma_j x_{2ij}) \qquad [5.15]$$

此处 x_1 和 x_2 为固定外生因子，β 和 γ 为模型参数。

然而，与正态概率密度函数模型不同，这个模型以
$E(Y)$ 和 $V(Y)$ 的形式写作：

$$E(Y_i) = \exp\left[\beta_0 + \sum_{j=1}^{p} \beta_j x_{1ij} - 0.5\exp(\gamma_0 + \sum_{j=1}^{q} \gamma_j x_{2ij})\right]$$
$$[5.16]$$

$$V(Y_i) = \exp\left[\exp(\gamma_0 + \sum_{j=1}^{q} \gamma_j x_{2ij})\right]$$
$$\times \left\{\exp\left[\exp(\gamma_0 + \sum_{j=1}^{q} \gamma_j x_{2ij})\right] - 1\right\} \qquad [5.17]$$
$$\times \left\{\exp\left[2(\beta_0 + \sum_{j=1}^{p} \beta_j x_{1ij})\right]\right\}$$

虽然它们是在原始 Y 中的复杂形式，但是在 $\log(Y)$ 中我们有：

$$E[\log(Y_i)] = \beta_0 + \sum_{j=1}^{p} \beta_j x_{1ij} \qquad [5.18]$$

$$V[\log(Y_i)] = \exp(\gamma_0 + \sum_{j=1}^{q} \gamma_j x_{2ij}) \qquad [5.19]$$

因此在 x_1 中的第 j 个自变量的一个单位的变化会导致在
$\log(Y)$ 期望值中一个 β_j 的改变。

第 **6** 章

结 论

这本书仅仅是刚开始发掘最大似然框架的推断和建模潜力。此处讨论的最大似然原则和最大似然建模框架给我们提供了建立新的和重要的社会研究和社会理论间桥梁的机会。然而，为了尽可能多地开发其潜能，我们必须掌握概率密度函数和概率函数的表现及可用性的知识，具备建构符合社会理论模型的能力。通过基于最大似然原则的建模方法，从最简单的线性模型到较为复杂的非线性模型，我们都可以指定关联函数。

受限于篇幅，本书没有讨论对这个构架特殊情形需要考虑的重要模型（例如内生转换回归模型和联合概率密度函数/概率函数模型），以及潜变量的最大似然模型和缺失数据模型。遗憾的是，这样篇幅的一本书无法给出对最大似然构架提供的所有可能性充分的处理方法。希望在不久的将来定量社会科学研究丛书（QASS）能够就这个问题深入下去。

附 录

针对本书中一些模型的高斯代码

　　附录中给出的这个代码包括了为高斯中可能运用到的最大似然过程的每一个最大似然模型的三个程序。首先给出的是计算初始值的代码，第二部分是计算模型对数似然的代码，第三部分是用来计算基于熵的离散测量的。这三个程序可以和高斯最大似然程序联系起来。正确的联系协议在最大似然程序的高斯手册中有讨论（Aptech Systems，1992），此处不再赘述。

正态概率密度函数模型

计算初始值的程序

/ * 这个程序用于计算正态概率密度函数模型的初始值。在这个程序运行之前，所有的变量都应该被全局声明。我们假设所有的数据都能载入内存，否则这个程序必须进行修改。没有变量被直接发送到程序里；但是，在运行程序之前必须先定义下列变量。

y == 内生随机变量的观察值的列向量(因变量)

x1 == mu 关联函数固定因素的矩阵(自变量),行是观测值,列是变量,第一列永远是一列 1。

x2 == sigma 平方关联函数固定因素的矩阵(自变量),行是观测值,列是变量,第一列永远是一列 1。

这个程序返回 svs 中初始值的一个列向量,行数等于 x1 和 x2 行数之和。

* /

```
proc strts;
        /* 设置矩阵初始值 */

        ij=cols(x1);
        xx = zeros(ij,ij);
        xy = zeros(ij,1);
        ybar = 0;
        yy = 0;
        obs = 0;
        bols = zeros(ij,1);


        /* 获得平方和 */

        obs = rows(y);
        xx = moment(x1,1);
        xy = (x1'y);
        yy = moment(y,1);
```

```
/* 获得最小二乘估计的解 */

bols = solpd(xy,xx);
sigsqo = (yy-(xy'bols))./obs;

clear xx,xy,yy;


/* 串联 svs 中的初始值 */

        svs=bols|ln(sigsqo);
        if cols(x2) .> 1;
            svs=bols|ln(sigsqo)|zeros(cols(x2)-1,1)
        endif;

  retp( svs );
endp;
```

计算对数似然的程序

/* 这个程序计算正态概率密度函数模型的对数似然。

输入:b == 参数的列向量

  x == 数据矩阵（按 y~x1~x2 分的观察值个数）(y、
x1 和 x2 的定义见初始值)

全局:cx1 == x1 列数（见初始值）

输出:ln1 == 对数似然值的列向量

  */

```
proc loglik(b,x);

        y = x[.,1];
        x1 = x[.,2:cx1+1];
        x2 = x[.,cx1+2:cols(x)];


        /* 关联函数 */

        mu = x1*b[1:cols(x1),1];
        sigsq = exp(x2*b[1+cols(x1):rows(b),1]);

        /* 对数似然 */

                lnl = -0.5.*(ln(2.*pi.*sigsq)+(((y-mu).^2)
                                                ./sigsq));

                retp( lnl );

        endp;
```

计算基于熵的测量的程序

/* 这个程序计算正态模型基于熵的测量。我们期望 y、
x1 和 x2 都像在初始值程序中一样被定义了,而且 b 包含
FINAL 参数估计的列向量——解。这个程序应当在找到
模型的一个解之后才运行。我们假设所有的数据都能载
入内存,否则这个程序必须进行修改。

sst == 总熵

sse == 误差或条件熵

ssm == 被模型解释了的熵

rent == 基于熵的对关联的测量

```
*  /


proc entropy;

        ybar=meanc(y);
        yvar=(moment(y,1)-((ybar.^2)./obs))./obs;
        p0 = (1./sqrt(2.*pi.*yvar)).*exp(-0.5.*(((y
                                    -ybar).^2)./yvar));
        sst = -sumc(ln(p0));

        mu = x1*b[1:cols(x1),1];
        sigsq = exp(x2*b[1+cols(x1):rows(b),1]);
        phat = (1./sqrt(2.*pi.*sigsq)).*exp(-0.5.*(((y
                                    -mu).^2)./sigsq));

        ssm=sumc(ln(phat./p0));
        sse=-sumc(ln(phat));
        rent=ssm./sst;

endp;
```

伽马概率密度函数模型

计算初始值的程序

/ * 这个程序用于计算伽马概率密度函数模型的初始值。
在这个程序运行之前，所有的变量都应该被全局声明。我
们假设所有的数据都能被放在内存里，否则这个程序必须
被修改。没有变量被直接发送到程序里；但是，在运行程
序之前必须先定义下列变量。

y == 内生随机变量的观察值的列向量（因变量）

x1 == mu 关联函数固定因素的矩阵（自变量），行是观测值，列是变量，第一列永远是一列 1

x2 == nu 关联函数固定因素的矩阵（自变量），行是观测值，列是变量，第一列永远是一列 1

这个程序返回 svs 中初始值的一个列向量，行数等于 x1 和 x2 行数之和。

*/

```
proc strts;
        /* 设置矩阵初始值 */
        ij=cols(x1);
        xx = zeros(ij,ij);
        xy = zeros(ij,1);
        yy = 0;
        obs = 0;
        bols = zeros(ij,1);


        /* 利用 ln(y)获得平方和 */
        obs = rows(y);
        xx = moment(x1,1);
        xy = x1'ln(y);
        yy = ln(y)'ln(y);
```

/＊ 获得最小二乘估计对 ln(y)的解 ＊/

```
bols = solpd(xy,xx);
mu = exp(x1*bols);
sigsq=sigsq+(((y-mu)./mu)'((y-mu)./mu));
nuc = obs./sigsq;
```

/＊ 串联初始值 ＊/

```
        svs=bols|ln(nuc);
        if cols(x2) .> 1;
            svs=bols|ln(nuc)|zeros(cols(x2)-1,1);
        endif;

    retp( svs );
endp;
```

计算对数似然的程序

/＊ 这个程序计算伽马概率密度函数模型的对数似然。

输入:b ＝＝ 参数的列向量

x ＝＝ 数据矩阵(按 y～x1～x2 分的观察值个数)(y、x1
和 x2 的定义见初始值)

全局:cx1 ＝＝ x1 列数(见初始值)

输出:ln1 ＝＝ 对数似然值的列向量

　＊ /

```
proc loglik(b,x);

        y = x[.,1];
        x1 = x[.,2:cx1+1];
        x2 = x[.,cx1+2:cols(x)];



        /* 关联函数 */

        mu = exp(x1*b[1:cols(x1),1]);
        nu = exp(x2*b[1+cols(x1):rows(b),1]);


        /* 对数似然 */

        lnl = (-ln(gamma(nu))) + (nu.*ln(nu))
              - (nu.*ln(mu)) + ((nu-1).*ln(y))
                         - ((nu./mu).*y);

                retp( lnl );

        endp;
```

计算基于熵的测量的程序

/* 这个程序计算伽马模型基于熵的测量。我们期望 y、x1 和 x2 都像在初始值程序中一样被定义了,而且 b 包含 FINAL 参数估计的列向量——解。这个程序应当在找到模型的一个解之后才运行。我们假设所有的数据都能载入内存,否则这个程序必须进行修改。

sst == 总熵

sse == 误差或条件熵

```
        ssm == 被模型解释了的熵

        rent == 基于熵的对关联的测量

*  /


proc entropy;

        obs=rows(y);
        yy0 = y'y;
        ybar=meanc(y);
        nu0 = obs./((yy0./(ybar.^2))-(2.*obs)
                                        +(obs.^2));
        lp0 = (-ln(gamma(nu0)))+(nu0.*ln(nu0))
               -(nu0.*ln(ybar))+((nu0-1).*ln(y))
               -((nu0./ybar).*y);
        sst = -sumc(lp0);

        mu = exp(x1*b[1:cols(x1),1]);
        nu = exp(x2*b[1+cols(x1):rows(b),1]);
        lphat = (-ln(gamma(nu)))+(nu.*ln(nu))
                 -(nu.*ln(mu))+((nu-1).*ln(y))
                 -((nu./mu).*y);

        ssm=sumc(lphat-lp0);
        sse=-sumc(lphat);
        rent=ssm./sst;

endp;
```

多项概率函数模型

计算初始值的程序

/ ＊ 这个程序用于计算多项概率密度函数模型的初始值。
在这个程序运行之前,所有的变量都应该被全局声明。我
们假设所有的数据都能载入内存,否则这个程序必须进行

修改。没有变量被直接发送到程序里；但是，在运行程序之前必须定义下列变量。

yvec ＝＝ 内生随机变量的观察值的列向量（因变量），包含一个整数代表一个类别，在这个类别中每一个观察值都能被找到

x ＝＝ J－1 的 p 关联函数固定因素的矩阵（自变量），行是观测值，列是变量，第一列永远是一列 1

这个程序返回 svs 中初始值的一个列向量，行数等于 cols（x）＊（J－1）。

* /

```
proc strts;
/ * 从最小二乘估计值中获取初始值，最后一个类别的边
际对数优势比作因变量 */
        kh=cols(x);
        h=maxc(y)-1;
        y= yvec .== (seqa(1,1,h)');
        xx=moment(x,1);
        xy=x'y;
        pmarg=sumc(y);
        obs=rows(y);
        pmarg=pmarg./obs;
        pmargl=1-sumc(pmarg);
        dv=ln(pmarg/pmargl);
        vc=(eye(h)-pmarg).*pmarg';
        invvc=invpd(vc);
```

```
            dl=pmarg-vc*dv;
            invm=invpd(xx);
            bmls=invm*xy;
            vv=zeros(kh,h);
            vv[1,.]=ones(1,h).*(dl');
            bm=((bmls-vv)*invvc);
            svs=vec(bm);
            retp(svs);
endp;
```

计算对数似然的程序

/* 这个程序计算多项概率密度函数模型的对数似然。

输入:b == 参数的列向量

x == 数据矩阵(按 yvec~x 分的观察值个数)(yvec 和 x 的定义见初始值)

全局:h == yvec 中类别数减 1

输出:ln1 == 对数似然值的列向量
 */

```
proc loglik(b,yx);

        y= yx[.,1] .== (seqa(1,1,h)');
        x = yx[.,2:cols(yx)];
        kh=cols(x);
```

```
/* 关联函数 */

bm=reshape(b,h,kn)';
p = exp(x*bm);
p = p./(1+sumc(p'));
```

```
/* 对数似然 */

        lnl=sumc(sumc((ln(p~(1-sumc(p')))).*(y~(1
                                 -sumc(y')))'));

        retp( lnl );
    endp;
```

计算基于熵的测量的程序

/* 这个程序计算多项模型基于熵的测量。我们期望
yvec，x，pmarg，kh 和 h 都像在初始值程序中一样被定
义了，而且 b 包含 FINAL 参数估计的列向量——解。这
个程序应当在找到模型的一个解之后才运行。我们假
设所有的数据都能载入内存，否则这个程序必须进行
修改。

　　sst == 总熵

　　sse == 误差或条件熵

　　ssm == 被模型解释了的熵

　　rent == 基于熵的对关联的测量

*/

```
proc entropy;

        /* 计算总熵 */

    sst = obs.*(sumc((-1).*pmarg.*ln(pmarg))-
                ((1-sumc(pmarg)).*ln(1-sumc(pmarg))));

        /* 计算误差或条件熵 */

            x = yx[.,2:cols(yx)];
            bm=reshape(b,h,kh)';
            p = exp(x*bm);
            p = p./(1+sumc(p'));
            clear ssei;
            ssei = (-1.0).*(1-sumc(p')).*ln((1-sumc(p')));
            jj=1;
            do until jj > h;
                sseei = sseei + ((-1.0).*p[.,jj].*
                                            ln(p[.,jj]))
                jj=jj+1;
            endo;
            sse = sumc(sseei);
            ssm = sst-sse;
            rent = ssm./sst;

        endp;
```

双变量正态概率函数模型

计算初始值的程序

/* 这个程序用于计算双变量正态概率密度函数模型的初始值。在这个程序运行之前，所有的变量都应该被全局声明。我们假设所有的数据都能载入内存，否则这个程序必须进行修改。没有变量被直接发送到程序里；但是，在运行程序之前必须先定义下列定量。

y1 == 第一个内生随机变量的观察值的列向量(因变量)

y2 == 第二个内生随机变量的观察值的列向量(因变量)

x1 == mu1 关联函数固定因素的矩阵(自变量),行是观测值,列是变量,第一列永远是一列 1

x2 == mu2 关联函数固定因素的矩阵(自变量),行是观测值,列是变量,第一列永远是一列 1

x3 == sigma 平方 1 关联函数固定因素的矩阵(自变量),行是观测值,列是变量,第一列永远是一列 1

x4 == sigma 平方 2 关联函数固定因素的矩阵(自变量),行是观测值,列是变量,第一列永远是一列 1

x5 == rho 关联函数固定因素的矩阵(自变量),行是观测值,列是变量,第一列永远是一列 1

这个程序返回 svs 中初始值的一个列向量,行数等于 x1 + x2 + x3 + x4 + x5。

* /

```
proc strts;
```

/* 设置矩阵初始值 */

```
ij1=cols(x1);ij2=cols(x2);
xx1 = zeros(ij1,ij1);xy1 = zeros(ij1,1);
xx2 = zeros(ij2,ij2);xy2 = zeros(ij2,1);
cor0=0;corr=0;
y1bar = 0;y2bar = 0;
y1var = 0;y2var = 0;
y1y2 = 0;
yy1 = 0;yy2 = 0;
obs = 0;
bols1 = zeros(ij1,1);bols2 = zeros(ij2,1);
```

/* 获得平方和 */

```
obs = rows(y1);
xx1 = moment(x1,1);
xx2 = moment(x2,1);
xy1 = x1'y1;
xy2 = x2'y2;
y1y2 = y1'y2;
yy1 = moment(y1,1);
yy2 = moment(y2,1);
y1bar=meanc(y1);
y2bar=meanc(y2);
```

/* 获得最小二乘估计的解 */

```
bols1 = solpd(xy1,xx1);
bols2 = solpd(xy2,xx2);
sigsq1 = (yy1-(xy1'bols1))./obs;
sigsq2 = (yy2-(xy2'bols2))./obs;
mu1 = x1*bols1;
mu2 = x2*bols2;
corr= (y1-mu1)'(y2-mu2);

corr=(corr./obs)./sqrt(sigsq1.*sigsq2);
```

/∗ 串联初始值 ∗/

```
        svs=bols1|bols2|ln(sigsq1);
        if cols(x3) .> 1;
            svs=svs|zeros(cols(x3)-1,1);
        endif;
        svs=svs|ln(sigsq2);
        if cols(x4) .> 1;
            svs=svs|zeros(cols(x4)-1,1);
        endif;
        if corparm .< 1;
            svs=svs|ln((1+corr)./(1-corr));
            if cols(x5) .> 1;
                svs=svs|zeros(cols(x5)-1,1);
            endif;
        endif;

    retp( svs );
endp;
```

计算对数似然的程序

/∗ 这个程序计算双变量正态概率密度函数模型的对数似然。

输入:b == 参数的列向量

　　　x == 数据矩阵(按 y1～y2～x1～x2～x3～x4～x5 分的观察值个数)(y1,y2,x1,x2,x3,x4 和 x5 的定义见初始值)

全局:k1 == x1 列数(见初始值)

　　　k2 == x2 列数(见初始值)

　　　k3 == x3 列数(见初始值)

k4 == x4 列数（见初始值）

k5 == x5 列数（见初始值）

输出：ln1 == 对数似然值的列向量

* /


```
proc loglik(b,x);
        y1=x[.,1];y2=x[.,2];x=x[.,3:cols(x)];
        x1=x[.,1:k1];x=x[.,k1+1,cols(x)];
        x2=x[.,1:k2];x=x[.,k2+1,cols(x)];
        x3=x[.,1:k3];x=x[.,k3+1,cols(x)];
        x4=x[.,1:k4];
        x5=x[.,k4+1,cols(x)];

        k1=cols(x1);k2=k1+cols(x2);k3=k2+cols(x3);
        k4=k3+cols(x4);k5=k4+cols(x5);
        mu1 = x1*b[1:k1,1];
        mu2 = x2*b[k1+1:k2,1];
        sigsq1=exp(x3*b[k2+1:k3,1]);
        sigsq2=exp(x4*b[k3+1:k4,1]);
        corr= (exp(x5*b[k4+1:k5,1])-1)./
                        (exp(x5*b[k4+1:k5,1])+1);

        ln1 = -ln(2.*pi.*sqrt(sigsq1.*sigsq2.*(1
                -corr.^2))) + ((-1./(2.*(1-corr.^2))).*
                ((((y1-mu1).^2)./sigsq1) - (2.*corr.*
                ((y1-mu1)./sqrt(sigsq1)).*((y2-mu2)./
                sqrt(sigsq2))) + (((y2-mu2).^2)./
                sigsq2) ));

        retp( ln1 );

endp;
```

计算基于熵的测量的程序

/ * 这个程序计算双变量正态模型基于熵的测量。我们期

望 y1, y2 和 x1—x5 都像在初始值程序中一样被定义了，
而且 b 包含 FINAL 参数估计的列向量——解。这个程序
应当在找到模型的一个解之后才运行。我们假设所有的
数据都能载入内存，否则这个程序必须进行修改。

    sst == 总熵

    sse == 误差或条件熵

    ssm == 被模型解释了的熵

    rent == 基于熵的对关联的测量

* /

```
proc entropy;


        y1y2 = y1'y2;
        yy1 = moment(y1,1);
        yy2 = moment(y2,1);
        y1bar=sumc(y1);
        y2bar=sumc(y2);
        obs=rows(y1);
        cor0 = (y1y2 - ((y1bar.*y2bar)./obs))./
               sqrt( (yy1-((y1bar.^2)./obs)).*(yy2-
               ((y2bar.^2)./obs)) );
        y1var=(yy1-((y1bar.^2)./obs))./obs;
        y2var=(yy2-((y2bar.^2)./obs))./obs;
        y1bar=y1bar./obs;
        y2bar=y2bar./obs;

        p0 = (1./(2.*pi.*sqrt(y1var.*y2var.*(1-
             cor0.^2)))).*exp((-1./(2.*(1-
             cor0.^2))).*(((((y1-y1bar).^2)./y1var) -
             (2.*cor0.*((y1-y1bar)./sqrt(y1var)).*
             ((y2-y2bar)./sqrt(y2var))) +
             (((y2-y2bar).^2)./y2var)));
```

```
sst = -sumc(ln(p0));

k1=cols(x1);k2=k1+cols(x2);k3=k2+cols(x3);
k4=k3+cols(x4);k5=k4+cols(x5);
mu1 = x1*b[1:k1,1];
mu2 = x2*b[k1+1:k2,1];
sigsq1=exp(x3*b[k2+1:k3,1]);
sigsq2=exp(x4*b[k3+1:k4,1]);

corr= (exp(x5*b[k4+1:k5,1])-1)./(exp(x5*b[k4
       +1:k5,1])+1);

phat= (1./(2.*pi.*sqrt(sigsq1.*sigsq2.*(1-
       corr.^2)))).*exp((-1./(2.*(1-
       corr.^2))).*(((((y1-mu1).^2)./sigsq1) -
       (2.*corr.*((y1-mu1)./sqrt(sigsq1)).*
       ((y2-mu2)./sqrt(sigsq2))) +
       (((y2-mu2).^2)./sigsq2)));

ssm=sumc(ln(phat./p0));
sse=-sume(ln(phat));
rent=ssm./sst;

    endp;
```

注释

[1] 费舍把这个函数叫作固定 θ 的"样本概率"。详情见 Stuart & Ord（1991：vol. 2）。

[2] 通常并没有指定样本量多大才"足够大"。对于只有几个待估参数的模型（即 1 个到 5 个左右），样本量一般大于 60 就足够大了。这个问题根据自由度的大小来决定更为合适，因为多大才"足够大"取决于模型中可估参数的数量以及犯第一类错误（Type 1 error）的概率，通常用 α 水平（α level）来指定。因此，对于一个 $\alpha = 0.05$ 的双边检验，至少 60 自由度对一个表现良好的模型来讲就足够好了。为什么？在至少 60 自由度和 $\alpha = 0.05$（双边）条件下，学生 t 分布（Student's t distribution）和标准正态给出的值分别是 2.00 和 1.96。如果你更保守一些，至少 120 的自由度会给出一个更好的估计，其值分别为 1.98 和 1.96。

[3] 这些结果假定估计的参数数量要么在 N 趋于无限时保持常量，要么，如果参数的数量随着 N 增加，但比起估计参数的数量，N 以一个足够快的速度趋于无限，以至于 N 和参数数量的比率也随着 N 趋于无限。

[4] 然而，这并不等同于选择有最高发生概率的假设。细节和讨论见 Stuart & Ord（1990：vol. 1）。

[5] 在这点上我们需要警惕。当执行像这里提到的假设检验的时候，先使用数据来确定参数空间可能的限制，然后再用相同的数据来检验这些限制是违反检验结构的。我们不能这么做，也不能保留检验原假设前提下期望的分布。检验程序的逻辑会被破坏，原假设前提下检验统计量的分布也会受影响，第一类错误的比率会膨胀，检验总的来说也变得无效了。我们需要进一步注意这些警惕适用于所有假设检验的情形，不仅仅是以上描述的步骤。总的来说，通过探索数据本身的形态来获得模型中那些参数存在的信息，再去检验结构模型中参数的合适性、准确性或表现是不恰当的。在严格的意义上，假设检验需要源自独立于检验所使用的数据的信息。详情见 Hurvich & Tsai，1990。

[6] 然而，克洛格、佩特科娃和施哈代（Clogg, Petkova & Shihadeh, 1992）的作品看起来有希望发展本书中的这样一个检验统计量。

参考文献

AGRESTI, A. (1990) *Categorical Data Analysis*. New York: John Wiley.

ALBA, R. D. (1988) "Interpreting the parameters of log-linear models," in J. S. Long (ed.) *Common Problems/Proper Solutions: Avoiding Error in Quantitative Research*. Newbury Park, CA: Sage.

AMEMIYA, T. (1985) *Advanced Econometrics*. Cambridge, MA: Harvard University Press.

Aptech Systems (1992) *The Gauss System Version 3.0*. Kent, WA: Author.

BERNDT, E., HALL, B., HALL, R., and HAUSMAN, J. (1974) "Estimation and inference in nonlinear structural models." *Annals of Economic and Social Measurement* 3:653-665.

BISHOP, Y. M. M., FIENBERG, S. E., and HOLLAND, P. W. (1975) *Discrete Multivariate Analysis: Theory and Practice*. Cambridge: MIT Press.

Center for Human Resource Research, Ohio State University (1988) *National Longitudinal Surveys of Labor Market Experience*. Columbus: Author.

CLOGG, C. C., PETKOVA, E., and SHIHADEH, E. S. (1992) "Statistical methods for analyzing collapsibility in regression models." *Journal of Educational Statistics* 17:51-74.

CLOGG, C. C., and SHOCKEY, J. W. (1988) "Multivariate analysis of discrete data," in J. R. Nesselroade and R. B. Cattell (eds.) *Handbook of Multivariate Experimental Psychology*. New York: Plenum.

COLEMAN, J. S. (1990) *Foundations of Social Theory*. Cambridge, MA: Belknap.

CRAMER, J. S. (1986) *Econometric Applications of Maximum Likelihood Methods*. Cambridge: Cambridge University Press.

DENNIS, J. E., Jr., and SCHNABEL, R. B. (1983) *Numerical Methods for Unconstrained Optimization and Nonlinear Equations*. Englewood Cliffs, NJ: Prentice-Hall.

FIENBERG, S. E. (1977) *The Analysis of Cross-Classified Categorical Data*. Cambridge: MIT Press.

FISHER, R. A. (1950) *Contributions to Mathematical Statistics*. New

York: Wiley.

GOLDTHORPE, J. H. (1987) *Social Mobility and Class Structure in Modern Britain*. Oxford: Clarendon.

GOODMAN, L. A. (1978) *Analyzing Qualitative/Categorical Data*. New York: University Press of America.

GREENE, W. H. (1993) *Econometric Analysis (2nd ed.)*. New York: Macmillan.

HABERMAN, S. J. (1978a) *Analysis of Qualitative Data, Vol. 1: Introductory Topics*. New York: Academic Press.

HABERMAN, S. J. (1978b) *Analysis of Qualitative Data, Vol. 2: New Developments*. New York: Academic Press.

HABERMAN, S. J. (1982) "Analysis of dispersion of multinomial responses." *Journal of the American Statistical Association* 77: 568-580.

HURVICH, C. M., and TSAI, C. (1990) "The impact of model selection on inference in linear regression." *American Statistician* 44: 214-217.

JASSO, G. (1990) "Methods for the theoretical and empirical analysis of comparison processes." *Sociological Methodology* 20: 369-420.

KING, G. (1989) *Unifying Political Methodology*. Cambridge: Cambridge University Press.

LONG, J. S. (1984) "Estimable functions in log-linear models." *Sociological Methods & Research* 12: 399-432.

LONG, J. S. (1987) "A graphical method for the interpretation of multinomial logit analysis." *Sociological Methods & Research* 15: 420-446.

LUENBERGER, D. G. (1984) *Linear and Nonlinear Programming*. Reading, MA: Addison-Wesley.

MADDALA, G. S. (1983) *Limited-Dependent and Qualitative Variables in Econometrics*. Cambridge: Cambridge University Press.

McCULLAGH, P., and NELDER, J. A. (1989) *Generalized Linear Models (2nd ed.)*. London: Chapman & Hall.

NETER, J., WASSERMAN, W., and KUTNER, M. H. (1985) *Applied Linear Regression Models (2nd ed.)*. Homewood, IL: Irwin.

ROEMER, J. (1986) *Analytical Marxism*. Cambridge: Cambridge University Press.

SCHNEIDER, H. (1986) *Truncated and Censored Samples From Normal Populations*. New York: Marcel Dekker.

SHANNON, C. E. (1948) "A mathematical theory of communication." *Bell System Technical Journal* 27:379-423, 623-656.

SOBEL, M. E. (1993a) "Causal inference in the social and behavioral sciences," in G. Arminger, C. C. Clogg, and M. E. Sobel (eds.) *A Handbook for Statistical Modeling in the Social and Behavioral Sciences*. New York: Plenum.

SOBEL, M. E. (1993b) "Log-linear models," in G. Arminger, C. C. Clogg, and M. E. Sobel (eds.) *A Handbook for Statistical Modeling in the Social and Behavioral Sciences*. New York: Plenum.

STRYKER, R. (1992) "What's an administrator of law to do? Law, science, and the legitimacy of the welfare state." Unpublished manuscript.

STUART, A., and ORD, J. K. (1991) *Kendall's advanced theory of statistics* (*Vols. 1-2*, *5th ed.*). New York: Oxford University Press.

THISTED, R. A. (1988) *Elements of Statistical Computing: Numerical Computation*. New York: Chapman & Hall.

WRIGHT, E. O. (1985) *Classes*. London: Verso.

译名对照表

alternative hypothesis	备择假设
chi-square	卡方
coefficient of variation	变异系数
cumulative distribution function(CDF)	累积分布函数
Fisher information matrix	费舍信息矩阵
generalized linear model(GLM)	广义线性模型
Hessian matrix	海塞矩阵
likelihood ratio test	似然比检验
link function	关联函数
logit model	logit 模型
maximum likelihood estimator(MLE)	最大似然估计量
maximum likelihood(ML)	最大似然法
Newton-Raphson algorithm	牛顿—拉弗森算法
null hypothesis	原假设
ordinary least squares(OLS)	最小二乘法
polytomous variable	多分类变量
probability density function(PDF)	概率密度函数
probability function(PD)	概率函数
Rao-Cramér inequality	拉奥—克莱默不等式
scaling factor	定标因素
score vector	得分向量
student's t distribution	学生 t 分布
Tobit type	托比特模式
truncated normal distribution	截断正态分布
truncated PDF	截断概率密度函数
Wald test	沃德检验
z test	z 检验

图书在版编目(CIP)数据

最大似然估计法:逻辑与实践/(美)斯科特·R.
伊莱亚森(Scott R.Eliason)著;臧晓露译.—上海:
格致出版社:上海人民出版社,2017.7
(格致方法·定量研究系列)
ISBN 978 - 7 - 5432 - 1999 - 1

Ⅰ.①最…　Ⅱ.①斯… ②臧…　Ⅲ.①最大似然估计
Ⅳ.①0211.67

中国版本图书馆 CIP 数据核字(2017)第 103349 号

责任编辑　张苗凤

格致方法·定量研究系列

最大似然估计法:逻辑与实践

[美]斯科特·R.伊莱亚森　著
臧晓露　译

出　版	世纪出版股份有限公司　格致出版社	印　刷	浙江临安曙光印务有限公司
	世纪出版集团　上海人民出版社	开　本	920×1168　1/32
	(200001　上海福建中路 193 号　www.ewen.co)	印　张	5
		字　数	88,000
	编辑部热线　021-63914988	版　次	2017 年 7 月第 1 版
	市场部热线　021-63914081	印　次	2017 年 7 月第 1 次印刷
	www.hibooks.cn		
发　行	上海世纪出版股份有限公司发行中心		

ISBN 978 - 7 - 5432 - 1999 - 1/C · 180　　　　　　　　　　定价:30.00 元

格致方法·定量研究系列